高职高专特色课程项目化教材

单片机应用技术

主审　金　沙

主编　张　皓

东北大学出版社

·沈　阳·

© 张 皓 2022

图书在版编目（CIP）数据

单片机应用技术 / 张皓主编. — 沈阳：东北大学

出版社，2022.9

ISBN 978-7-5517-3118-8

Ⅰ．①单… Ⅱ．①张… Ⅲ．①单片微型计算机—高等

职业教育—教材 Ⅳ．①TP368.1

中国版本图书馆 CIP 数据核字（2022）第 164888 号

出 版 者：东北大学出版社
　　　　　地址：沈阳市和平区文化路三号巷 11 号
　　　　　邮编：110819
　　　　　电话：024-83687331（市场部）　83680267（社务部）
　　　　　传真：024-83680180（市场部）　83680265（社务部）
　　　　　网址：http：//www.neupress.com
　　　　　E-mail：neuph@ neupress.com
印 刷 者：辽宁一诺广告印务有限公司
发 行 者：东北大学出版社
幅面尺寸：185 mm×260 mm
印 　 张：17.5
字 　 数：373 千字
出版时间：2022 年 9 月第 1 版
印刷时间：2022 年 9 月第 1 次印刷
策划编辑：牛连功
责任编辑：周 朦
责任校对：张庆琼
封面设计：潘正一

ISBN 978-7-5517-3118-8　　　　　　　　　　　　定 价：40.00元

前　言

本书是根据高职高专学生培养目标，以技能型人才培养需求为导向，采用项目化教学方式，企业工程技术人员与教师共同编写的符合岗位特征的"双元"式开发教材。本书以项目案例为载体，循序渐进、由浅入深地详细介绍了目前应用广泛、适合初学者学习的增强型 STC89C52 单片机各部分的硬件功能、电路系统应用设计，以及 C 语言程序设计。

本书内容丰富、选材合理，包含经典的项目和详细的程序语句解析。学生运用本书可完成简单的 51 单片机项目或自行制作相关产品。本书可作为高职高专应用电子专业、信息电子专业及相关专业的教材，不同专业学生在学习过程中，可根据具体情况对本书内容进行合理取舍；同时，可供对单片机有兴趣的学生和其他非专业技术人员学习使用。

本书共分为七个项目，内容包括认识单片机、花样流水灯、智能交通灯、简易计算器、多功能时钟、温度检测仪、数字电压表。其中，项目一主要介绍了 51 单片机最小系统及数制编码的基础知识；项目二主要介绍了 I/O 口的使用；项目三主要介绍了按键、数码管、中断、定时器的使用；项目四主要介绍了矩阵键盘、LCD1602；项目五主要介绍了蜂鸣器、通信基础知识、SPI 总线、时钟芯片 DS1302；项目六主要介绍了 IIC 总线、存储芯片 AT24C02、温度测量芯片 DS18B20；项目七主要介绍了 AD/DA 转换、PCF8591AD/DA 转换芯片的应用。这些内容基本涵盖了高职高专学生应该掌握的单片机基础工程知识。

本书由辽宁石化职业技术学院金沙担任主审，辽宁石化职业技术学院张皓担任主编，辽宁石化职业技术学院陆晶晶、辽宁石化职业技术学院闫妍、辽宁石化职业技术学院韩吉生、中国石油天然气股份有限公司锦州石化分公司陆德伟参编。其中，张皓编写了项目三至项目六；陆晶晶编写了项目七的任务一；闫妍编写了项目二；韩吉生编写了项目一；陆德伟编写了项目七的任务二。本书由张皓负责统稿。本书在编写过程中，得到了崔勇刚等企业工程技术人员的大力支持；还参考了许多单位和个人编写的图书，从中借鉴了很多经验，并引用了部分资料；同时得到了东北大学出版社的大力支持。在此一并表示衷心的感谢。

由于编写时间仓促，编者水平有限，本书中难免有不妥或错误之处，敬请读者批评、指正。

编　者

2022 年 3 月

目　录

认识单片机

任务一　认识 51 单片机

【知识目标】

❖ 记忆单片机的型号、功能与应用；

❖ 懂得单片机的学习方法；

❖ 认识 STC89C52 单片机的硬件结构。

【能力目标】

❖ 会搭建 51 单片机最小系统；

❖ 能看懂 51 单片机系统原理图。

【任务描述】

认识 51 单片机的型号、特点、应用、硬件结构，正确搭建 51 单片机最小系统。

一、STC89C52 单片机简介

51 单片机是对所有兼容 Intel 8031 指令系统的单片机的统称。该系列单片机的始祖是 Intel 的 8004 单片机。后来，随着 FLASH ROM 技术的发展，8004 单片机取得了长足的进展，成为应用最广泛的 8 位单片机之一。其代表型号是 ATMEL 公司推出的 AT89 系列，被广泛地应用于工业测控系统中。很多公司都推出了 51 系列的兼容机型，今后很长一段时间内，51 系列的兼容机型将占据大量的市场。其中，51 单片机不仅是最基础的单片机，而且是一种应用广泛的控制器。但需要注意的是，51 单片机一般不具备自编程能力。

80C51 系列(其他厂商以 8051 为基核开发出的 CMOS 工艺单片机产品统称为 80C51

系列)是 MCS-51 系列中的一个典型品种。目前,常用的 80C51 系列单片机产品如下:

① Intel(英特尔):80C31,80C51,87C51,80C32,80C52,87C52 等;

② ATMEL(爱特梅尔):89C51,89C52,89C2051,89S51(RC),89S52(RC)等;

③ Philips(飞利浦)、华邦、Dallas(达拉斯)、Siemens(西门子)等公司推出的许多产品;

④ STC(宏晶科技)单片机:89C51,89C52,89C516,90C516 等。

近年来,随着我国电子技术的迅速崛起,以宏晶科技公司为代表的企业,基于 8051 单片机内核开发出一系列不同型号的主流单片机,从而满足了不同领域的不同需求。本书从初学者的认知规律出发,以 STC89C52 单片机为主控芯片,帮助大家完成 51 单片机的学习。

1.功能特性描述

STC89C52 单片机具有以下功能特性。

(1)属于增强型单片机。

(2)拥有 8 位 CPU,一次可处理 8 位数据,CPU 由运算和控制逻辑组成,还包括中断系统和部分外部特殊功能寄存器。

(3)拥有 8 KB 程序存储器(ROM),用以存放程序、一些原始数据和表格。

(4)拥有 512 B 的数据存储器(RAM),其中 256 B 为片内数据存储空间,256 B 为片外数据存储空间(无需扩展芯片,自带片外存储空间),用以存放可以读写的数据,如运算的中间结果、最终结果及欲显示的数据。

(5)拥有 32 条 I/O 口线。这 4 个 8 位并行 I/O 口,既可用作输入,也可用作输出。

(6)看门狗。

(7)拥有 256 个寄存器,32 个工作寄存器。

(8)拥有 3 个 16 位可编程定时器/计数器,其既可以工作在定时模式,也可以工作在计数模式。

(9)拥有 6 个中断源,4 个中断优先级。

(10)拥有一个全双工串行通信口。全双工 UART(通用异步接收发送器)的串行 I/O 口,用于实现单片机与单片机之间或单片机与微机之间的串行通信。

(11)拥有外部数据存储器,可寻址空间为 64 KB。

(12)可逻辑操作位寻址。

(13)双列直插 DIP-40 封装、PLCC 封装、LQFP 封装。

(14)+5 V 电源供电。

(15)拥有 1 个片内振荡器和时钟产生电路,石英晶体和微调电容需要外接,最佳振荡频率为 6~12 MHz。

（16）低功耗空闲和断电模式。

（17）断电后可唤醒。

（18）断电标识符。

STC89C52 单片机的内部结构图如图 1-1 所示。

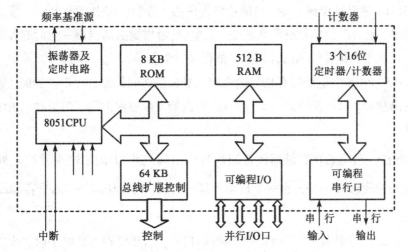

图 1-1 STC89C52 单片机的内部结构图

2.引脚功能描述

STC89C52 单片机各引脚功能描述如下。

（1）V_{CC}：5 V 电源引脚。

（2）GND：接地引脚。

（3）P0：引脚 P0.0～P0.7。P0 口是一个漏极开路的 8 位双向 I/O 口。在访问外部存储器时，P0 口也可以提供低 8 位地址和 8 位数据的复用总线（AD0～AD7）。

（4）P1 口：P1.0～P1.7。P1 口是一个带内部上拉电阻的 8 位双向 I/O 口。另外，P1.0 和 P1.1 还可以作为定时器/计数器 T2 的外部技术输入（P1.0/T2）和定时器/计数器 T2 的触发输入（P1.1/T2EX）。P1 口和 P3 口的第二功能见表 1-1。

表 1-1 P1 口和 P3 口的第二功能

引脚号	第二功能	引脚号	第二功能
P1.0	T2（定时器/计数器 T2 的外部记数输入），时钟输出	P3.3	INT1（外部中断 1）
P1.1	T2EX（定时器/计数器 T2 的捕捉/重载触发信号和方向控制）	P3.4	T0（定时器 T0 外部输入）
P3.0	RXD（串行输入）	P3.5	T1（定时器 T1 外部输入）
P3.1	TXD（串行输出）	P3.6	WR（外部数据存储器写选通）
P3.2	INT0（外部中断 0）	P3.7	RD（外部程序存储器读选通）

（5）P2 口：一个具有内部上拉电阻的 8 位准双向 I/O 口。在访问外部程序存储器或用 16 位地址读取外部数据存储器时，P2 口也可作为高 8 位地址总线使用（A0~A7）。

（6）P3 口：它不仅是一个具有内部上拉电阻的 8 位准双向 I/O 口，而且可以作为 STC89C52 单片机的第二功能使用，如表 1-1 所列。

（7）RST：通电复位输入端。当单片机振荡器工作时，该引脚上出现持续 2 个机器周期的高电平，就可以使单片机实现复位。通电时，考虑到振荡器有一定的起振时间，所以该引脚上高电平必须持续 10 ms 以上才能保证有效复位。

（8）ALE/PROG：地址锁存信号输出端。ALE 是访问外部程序存储器时，锁存低 8 位地址的输出脉冲。对于片内含有 EEPROM 的机型，在编程期间，该引脚（PROG）用作编程输入脉冲。

（9）$\overline{PSEN}$：外部程序存储器读选通信号输出端。当 STC89C52 单片机从外部程序存储器执行外部代码时，$\overline{PSEN}$ 在每个机器周期内有效；而在访问外部数据存储器时，$\overline{PSEN}$ 将不出现。

（10）$\overline{EA}/V_{PP}$：外部程序存储器选用控制信号。当此引脚为低电平时，选用片外程序存储器；当此引脚为高电平或悬空时，选用片内程序存储器。对片内含有 EEPROM 的机型，在 FLASH 编程期间，$\overline{EA}$ 也接收 5 V 的 V_{PP} 电压。

（11）XTAL1：振荡器反相放大器和内部时钟产生电路的输入端。

（12）XTAL2：振荡器反相放大器的输出端。

二、51 单片机最小系统

单片机的最小系统即保证单片机正常工作所必需的基本硬件电路。若要使系统正常运行，必须确保单片机的最小系统稳定工作。图 1-2（a）为 STC89C52 单片机最小系统电路图，图 1-2（b）为单片机实物图。51 单片机的最小系统主要由 4 部分组成：晶振电路、复位电路、电源电路、片内外 ROM 选择电路。晶振电路提供时钟给单片机工作，犹如人的心脏。复位电路提供系统复位操作，当系统出现运行不正常或死机等情况时，可以通过复位按键重新启动系统。电源电路也是非常关键的一个组成部分，因为单片机对供电电压有一定的要求。如果电压过大或正、负极接反，将烧坏芯片；如果电压过小，系统将无法运行。所以，一个合适稳定的电源电路是非常关键的，51 系列 5 V 电源单片机一般为 3.3~5.5 V 宽电压供电。

实际上，最小系统除了由以上 4 部分组成，通常还会加入下载程序电路。因为仅靠以上 4 个硬件电路只能使单片机正常运行，但当要为系统更新程序（即烧录程序）时，就无法正常运行。所以，有时也将程序下载电路加入最小系统中，这样就可以为系统任意烧录和调试程序了。下面仅详细介绍 51 单片机通用的 4 个硬件电路。

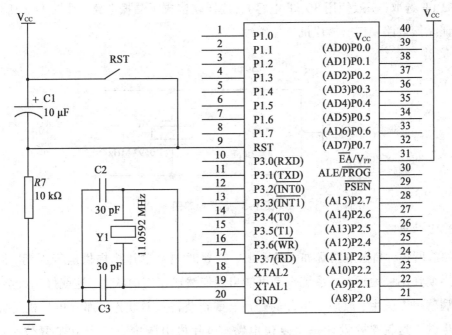

（a）STC89C52单片机最小系统电路图

（b）单片机实物图

图1-2 51单片机

1. 晶振电路

单片机正常工作时需要一个时钟，它将按照时钟的时序来执行单片机的程序，这样单片机才能稳定地工作，而晶振就像人的心脏，按照一定的节奏不停地跳动。因此，就需要在单片机晶振引脚上外接一个晶振，至于需要多的大晶振，取决于所使用的单片机。例如，单片机时钟频率可在 0～40 MHz 上运行，一般情况下可以选择12 MHz（适合计算延时时间）或 11.0592 MHz（适合串口通信）。通常把晶振接在单片机的 XTAL1（19 引脚）和 XTAL2（18 引脚）上。但是若直接将此晶振接入单片机晶振引脚，会使系统工作不稳定，这是因为晶振起振的一瞬间会产生一些电感。为了消除这个电感带来的干扰，可以在此晶振两端分别加上一个电容。该电容应为无极性电容，另一端需要共地。根据选取的晶振大小来决定电容的容量，通常电容可在

10~33 pF 选取(一般使用 30 pF 电容)。这样就构成了晶振电路,如图 1-3 所示。只有保证晶振电路稳定,单片机才能继续工作。

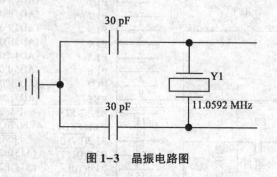

图 1-3　晶振电路图

2. 复位电路

如前所述,晶振电路犹如人的心脏,需要时刻给单片机提供运行周期。但即使时钟周期在不停地运行,系统也有可能出现崩溃或瘫痪的状态。这就好比人会生病,一生病就得看医生,服用医生开的药后,重新获得正常状态。那么单片机是如何获取重生的?这就需要设计一个复位电路。单片机引脚中有一个 RST 复位引脚,而 STC89C52 单片机又是高电平复位,所以只需让这个引脚保持一段时间高电平就可以实现单片机的复位,它相当于电脑里的重启键。要实现此功能,通常有两种方式:一种是通过按键进行手动复位;另一种是上电复位,即电源开启后自动复位。手动复位由一个按键、电容及电阻组成,利用按键的开关功能实现复位。按下按键后,V_{CC} 提供的电流直接进入单片机 RST 引脚;松开按键后,V_{CC} 断开,RST 被电阻拉为低电平。这一合一断就实现了手动复位。而自动复位主要利用单片机的充放电功能。电源 V_{CC} 开启后,由于电容隔直特性,V_{CC} 电流直接进入 RST,然后电容开始慢慢充电,直到充电完成,此时 RST 被电阻拉低。这样就起到上电复位的效果。复位电路图如图 1-4 所示。

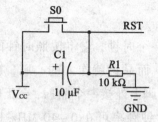

图 1-4　复位电路图

单片机复位后各寄存器状态如表 1-2 所列。

表1-2 单片机复位后各寄存器状态

寄存器	复位状态	寄存器	复位状态
PC	0X0000	TMOD	0X00
ACC	0X00	TCON	0X00
PSW	0X00	TH0	0X00
B	0X00	TL0	0X00
SP	0X07	TH1	0X00
DPTR	0X0000	TL1	0X00
P0~P3	0XFF	SCON	0X00
IP	0X00	SBUF	0X00
IE	0X00	PCON	0X00

3.电源电路

电子器件都需要一个合适的电源进行供电,没有电源,系统将不会工作。通常,不同型号的单片机所需要的工作电源、电压是不一样的,要具体查看相关单片机手册来确定。STC89C52单片机的工作电压是3.3~5.5 V,通常使用5 V直流电源。将电源正极 V_{CC} 接入单片机芯片电源40引脚,电源负极 GND 接入单片机芯片电源20引脚。注意:单片机电源的正、负极不可接反,否则会烧坏单片机。

4.片内外 ROM 选择电路

片内外 ROM 选择规则如下:当单片机 EA(31引脚)接低电平"0"时,访问外部ROM;当 EA(31引脚)接高电平"1"时,CPU 访问内部 ROM 存储器或访问内部存储器地址超过存储容量时,自动执行外部程序存储器的程序。一般对于 STC89C52 单片机,应将EA 接5 V。

三、单片机的应用

单片机即一种微型电脑,其本身只是一个微控制器,内部无任何程序,只有当它和其他器件、设备有机地组合在一起,并配置适当的工作程序后,才能构成一个单片机应用系统,才可以完成规定的操作,并具有特定的功能。因此,只要对单片机稍加编程,再加上一系列的外围电子设备,就可以使其发挥强大的功能。

51单片机主要用于控制,通过串口可以和 Wi-Fi、GPS、蓝牙等模块实现无线控制,通过 AD 接口可以采集光敏传感器、烟雾传感器、热敏传感器等模拟信号;还包括对直流电机、交流电机、步进电机、伺服电机、变频电机、电磁铁、电磁阀、LED、LCD 等设备的控制,进而驱动各种设备,并应用于家电、机械加工、制造、航空航天等各行各业。

1. 自动化技术中的应用

51单片机属于控制类数字芯片，工业和农业上、机电一体化、自动化技术等都可以用51单片机来实现，如微机控制的车床、钻床等。单片机作为产品中的控制器，能充分发挥其体积小、可靠性高、功能强等优点，可大大提高机器的自动化、智能化程度。

2. 智能测量仪器中的应用

单片机被广泛地应用于各种仪器仪表，使仪器仪表智能化，并可以提高测量的自动化程度和精度，简化仪器仪表的硬件结构，提高其性价比。例如，51单片机可以被应用于一些智能化的测量仪表设备，如万用表等。

3. 人们日常生活电子产品中的应用

自从单片机诞生并进入人们的日常生活以来，人们的生活变得更加方便、舒适和丰富多彩。例如，人们平时使用的微波炉、洗衣机、电冰箱等家用电器配上51单片机后，提高了智能化程度，增加了实用功能，备受人们喜爱。

4. 商业设备中的应用

在商业系统中，单片机已被广泛地应用于电子秤、收款机、条形码阅读器、IC卡刷卡机、出租车计价器，以及仓储安全监测系统、商场保安系统、空气调节系统、冷冻保鲜系统等。

5. 在医用设备领域中的应用

在医疗设施及医用设备中，单片机的用途也相当广泛。例如，在各种分析仪、医用呼吸机、医疗监护仪、超声诊断设备及病床呼叫系统中，单片机都得到了实际应用。

6. 在汽车电子产品中的应用

现代汽车的集中显示系统、动力监测控制系统、自动驾驶系统、通信系统和运行监视器等装置中都离不开单片机。特别是采用现场总线的汽车控制系统中，以单片机为核心的节点通过协调、高效的数据传送，不仅完成了复杂的控制功能，而且简化了系统结构。

四、怎样学好单片机

学习单片机最好的方法就是理论结合实践，边理论边实践，最好不要理论全部学完以后再实践，那样会大大降低学习效率。有些人没有电路基础，看不懂原理图；有些人C语言基础薄弱，编写程序困难。这就为学习单片机带来了阻碍。因此，学习单片机需要具备相关电路基础和C语言基础，只有打好基础，学习起来才能游刃有余，才能熟练运用单片机。学好单片机，主要应掌握以下三个方面的内容。

1.基本外设硬件电路

输入输出、外部中断、定时器、串口这 4 个外设硬件电路是 51 单片机的核心部分，理解这 4 个外设硬件电路，即掌握了 51 单片机的基础知识。

2.基础的数字电路和模拟电路知识

在 51 单片机的开发过程中，涉及的电路并不是很复杂，对于初学者来说，只需要一些基础的数电知识和模拟电路知识。例如，二极管导通特性、三极管工作原理、CMOS 管导通条件、运算放大器的使用、门电路等。至于一些数字芯片，需要学会看对应的数据手册，尤其是要学会看时序图。

3.C 语言基础

C 语言是嵌入式开发的基础。在 51 单片机开发过程中，使用最广泛、最主流的编程语言便是 C 语言。如果 C 语言基础不过关，会大大延缓单片机嵌入式系统的学习进度，以及嵌入式系统的学习深度。

有了以上基础知识后，接下来对单片机的学习最好从拥有一块单片机开发板开始，然后结合开发板配套的硬件和软件的相关资料，亲自动手实践；从修改他人的程序入手，观察每一个实验现象，多思考、多动脑、多动手、多提问，逐渐掌握单片机的使用方法。对于 51 单片机来说，定时器、中断方面的使用是难点，所以该部分内容一定要反复学习几遍。有不明白的地方要学会多查找相关图书，自己利用网络资源查询资料，再编程调试。一般的单片机可以反复烧写上万次，好的单片机可反复烧写数十万次，且单片机价格低廉，所以无须担心单片机芯片损坏而不敢去反复烧录、调试程序。然后焊接单片机最小系统，尝试自己设计、搭建电路原理图，焊接电路，编写程序，直到能独立完成一个单片机项目，甚至开发出自己专属的单片机开发板。这样由浅入深，循序渐进，不断、反复地学习，会对单片机的理解越来越深入，对单片机的使用越来越熟练，甚至对单片机的相关开发都游刃有余，为今后学习更高级的单片机打下坚实的基础。

任务二　数制与编码

【知识目标】

❖ 熟记各类进制间的转换方法；

❖ 知道基本的编码规则；

❖ 认识 ASCII 码和 BCD 码。

【能力目标】

❖ 能够在程序中实现各类进制的表示、转换和编码类型的变换；

❖ 正确区分 ASCII 码和 BCD 码。

【任务描述】

将数据在各类进制间正确实现转换，熟悉 ASCII 码和 BCD 码的使用方法。

一、数制的转换

1.数制

平时人们生活中最熟悉的就是十进制，但在单片机系统中，是以二进制来表示存放单片机的信息数据的。在单片机开发过程中，常用的数制表示方法有二进制、八进制、十进制、十六进制。

(1)二进制。

二进制数制系统只有 2 个计数符号：0，1。

二进制数具有以下特点：① 基数为 2；② 位权值为 2^i；③ 逢二进一，借一当二；④ 单位为 B，如 00110100B。

(2)八进制。

八进制数制系统有 8 个计数符号：0，1，2，3，4，5，6，7。

八进制数具有以下特点：① 基数为 8；② 位权值为 8^i；③ 逢八进一，借一当八；④单位为 O，如 53O。

(3)十进制

十进制数制系统有 10 个计数符号：0，1，2，3，4，5，6，7，8，9。

十进制数具有以下特点：① 基数为 10；② 位权值为 10^i；③ 逢十进一，借一当十；④单位为 D，如 21D。

(4)十六进制。

十六进制数制系统有 16 个计数符号：0，1，2，3，4，5，6，7，8，9，A，B，C，D，E，F。

十六进制数具有以下特点：① 基数为 16；② 位权值为 16^i；③ 逢十六进一，借一当十六；④ 单位为 H，如 23H。

2.数制的转换方式

(1)二进制数的算术运算。

① 加法：逢二进一。

[例1-1]计算$(1100.00)_2+(110.11)_2=(\quad)_2$。

解：

$(1100.00)_2$ --------------- $(12.00)_{10}$

$+(110.11)_2$ --------------- $+(6.75)_{10}$

―――――――――――――――

$(10010.11)_2$ 　　　　　　　$(18.75)_{10}$

结果：$(1100.00)_2+(110.11)_2=(10010.11)_2$

② 减法：借一当二。

[例1-2]计算$(1100.00)_2-(110.11)_2=(\quad)_2$

解：

$(1100.00)_2$ ----------------- $(12.00)_{10}$

$-(110.11)_2$ ----------------- $-(6.75)_{10}$

―――――――――――――――

$(101.01)_2$ 　　　　　　　$(5.25)_{10}$

结果：$(1100.00)_2-(110.11)_2=(101.01)_2$

（2）十进制整数转换成二进制数（除2取余逆排法）。

[例1-3]求$(29)_{10}=(\quad)_2$。

解：

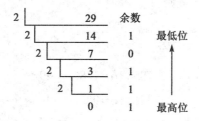

结果：00011101

（3）十进制纯小数转换成二进制数（乘2取整顺排法）。

[例1-4]求$(0.625)_{10}=(\quad)_2$。

解：

乘	结果	取整数
0.625×2	1.25	1
0.25×2	0.5	0
0.5×2	1.0	1

将各次所得整数部分，由上往下依次排列得101，前面加上小数点后，这就是所求的十进制纯小数的二进制数，即$(0.625)_{10}=(0.101)_2$。

计算机要处理的数据，除整数和纯小数外，大多数情况下，一个数据是既包含整数部分又包含小数部分的。对这种常见的十进制数据在转换成相应的二进制数时，应先分别对整数部分使用"除2取余逆排法"和对小数部分使用"乘2取整顺排法"，转换成相应的二进制整数和二进制小数，再将转换后的整数和小数用小数点合并在一起，这样就得到转换后的完整二进制数。

[例1-5]求$(29.625)_{10}=($　　$)_2$。

解：

$$(29)_{10}=(11101)_2$$

$$(0.625)_{10}=(0.101)_2$$

所以$(29.625)_{10}=(11101.101)_2$。

（4）二进制数转化成十进制数。

[例1-6]求$(11101.101)_2=($　　$)_{10}$。

解：

$$(11101.101)_2=(1\times2^4+1\times2^3+1\times2^2+0\times2^1+1\times2^0+1\times2^{-1}+0\times2^{-2}+1\times2^{-3})_{10}$$

$$=(16+8+4+0+1+0.5+0+0.125)_{10}$$

$$=(29.625)_{10}$$

所以$(11101.101)_2=(29.625)_{10}$。

（5）十进制数转化成十六进制数。

[例1-7]求$(23785)_{10}=($　　$)_{16}$。

解：

$$23785\div16=1486\cdots\cdots9$$

$$1486\div16=92\cdots\cdots14$$

$$92\div16=5\cdots\cdots12$$

$$5\div16=0\cdots\cdots5$$

再将余数倒写为5CE9，则十进制数23875的十六进制数为5CE9。

（6）十六进制数转化十进制数。

[例1-8]求$(32CF.4B)_{16}=($　　$)_{10}$。

解：

$$(32CF.4B)_{16}=(3\times16^3+2\times16^2+12\times16^1+15\times16^0+4\times16^{-1}+11\times16^{-2})_{10}$$

$$=(13007.29296875)_{10}$$

所以$(32CF.4B)_{16}=(13007.29296875)_{10}$。

（7）八进制数转化成二进制数。

将八进制数转换成二进制数，只需将每位八进制数用3位二进制数表示，按照由左到右的顺序排列即可。

[例1-9] 求 $(53)_8 = ($ 　　 $)_2$。

解：

$$(53)_8 = (\underline{101}\ \underline{0112})_2$$
$$\ \ \ \ 5\ \ \ \ \ \ 3$$

（8）二进制数转八进制数。

二进制数转八进制数时，对整数部分，从右往左以 3 位为一组进行转换，当最左边一组不足 3 位时，可在左边添上零以补足 3 位；对纯小数部分，从左往右以 3 位为一组进行转换，当最右一组不足 3 位时，则在右边添上零以补足 3 位。

[例1-10] 求 $(11.00101)_2 = ($ 　　 $)_8$。

解：

$$(11.00101)_2 = (\underline{011}\ \underline{001}\ \underline{010})_2 = (3.12)_8$$
$$\ \ \ \ \ \ \ \ \ 3\ \ \ \ 1\ \ \ \ 2$$

（9）十六进制数转二进制数。

十六进制数转换成二进制数时，只需将每位十六进制数用 4 位二进制数表示，按照由左到右顺序排列即可。

[例1-11] 求十六进制数 BBD5 的二进制数。

解：

$$(BBD5)_{16} = (\underline{1011}\ \underline{1011}\ \underline{1101}\ \underline{0101})_2$$
$$\ \ \ \ \ \ \ \ \ \ B\ \ \ \ \ B\ \ \ \ \ D\ \ \ \ \ 5$$

（10）二进制数转十六进制数。

二进制数转十六进制数时，对整数部分，从右往左以 4 位为一组进行转换，当最左边一组不足 4 位时，可在左边添上零以补足 4 位；对纯小数部分，从左往右每 4 位为一组进行转换，当最右一组不足 4 位时，则在右边添上零以补足 4 位。

[例1-12] 求 $(11101111010101.001010)_2 = ($ 　　 $)_{16}$。

解：

$$(11101111010101.001010)_2 = (\underline{0011}\ \underline{1011}\ \underline{1101}\ \underline{0101}\ \underline{0010}\ \underline{1000})_2$$
$$\ \ \ \ \ \ \ \ \ \ \ \ \ \ \ \ \ \ 3\ \ \ \ \ B\ \ \ \ \ D\ \ \ \ \ 5\ \ \ \ \ 2\ \ \ \ \ 8$$
$$= (3BD5.28)_{16}$$

（11）八进制数转十六进制数。

① 八进制先转成二进制数，再从二进制数转成十六进制数。

[例1-13] 求 $(567)_8 = ($ 　　 $)_{16}$。

解：

$$(567)_8 = (101\ 110\ 111)_2 = (177)_{16}$$

② 八进制数先转成十进制数，再从十进制数转成十六进制数。

$$(567)_8 = (375)_{10} = (177)_{16}$$

（12）十六进制数转八进制数。

① 十六进制数先转成二进制数，再从二进制数转成八进制数。

[例1-14]求$(6EA)_{16} = ($　　　$)_8$。

解：

$$(6EA)_{16} = (110\ 1110\ 1010)_2 = (3352)_8$$

② 十六进制数先转成十进制数，再从十进制数转成八进制数。

$$(6EA)_{16} = (1770)_{10} = (3352)_8$$

二、数制的编码

1.有符号数的表示方法

上面提到的二进制数是一种无符号数的表示形式，但是在单片机中，数显然会有正负之分。那么带正负符号的有符号数如何表示呢？通常有符号数的最高位为符号位，即若字长为 8 位，则 D7 为符号位、D0~D6 为数字位。符号位用 0 表示正，用 1 表示负，其十进制数范围为-127~+127。例如：

$$X = 01011010B = +90$$

$$X = 11011010B = -90$$

这样连同一个符号位一起组成的数称为机器数，而它的数值称为机器数的真值。为了运算（有符号数的加减运算）方便，在单片机中有符号数有 3 种表示法——原码、反码和补码。为了保证运算结果的准确性，单片机内部是以补码的形式参与运算的。

（1）原码。

如上所述，正数的符号位用 0 表示，负数的符号位用 1 表示。这种表示法就称为原码。例如：

$$X = +90，原码为 01011010$$

$$X = -90，原码为 11011010$$

（2）反码。

正数的反码表示与原码表示相同，最高位为符号位，用 0 表示正，其余位为数值位。例如：

$$+5(反码) = 00000101$$

$$+90(反码) = 01011010$$

而负数的反码表示为其符号位不变，后面的数据位按照位取反。例如：

$$-5(反码) = 11111010$$

$$-90(反码) = 10100101$$

（3）补码。

正数的补码表示与原码表示相同。例如：

$$+5（补码）= 00000101$$

而负数的补码为其反码加1。例如：

$$-5（原码）= 10000101$$

$$-5（反码）= 11111010$$

$$-5（补码）= 11111101$$

$$-90（原码）= 11011010$$

$$-90（反码）= 10100101$$

$$-90（补码）= 10100110$$

注意：51单片机中，有符号数+0和-0的二进制数是不一样的。

$$+0（原码）= 00000000$$

$$-0（原码）= 10000000$$

2.二进制的编码

（1）BCD码。

BCD码是将十进制数以4位的形式展开成二进制数的编码方式。所以BCD码的实质仍然是二进制编码，只不过既有十进制表示形式，又有十六进制表示形式。BCD码包括8421码、5421码、2421码、余3码等，其中最常用的是8421BCD码。在数字芯片中，有些芯片存储数据的形式便是BCD码，如时钟芯片DS1302。因此，BCD码作为数字芯片存储数据的一种形式，在信息采集中是十分重要的。众所周知，十进制是由0~9这10个数组成的，而这10个数中每个数都有自己的8421码，这10个数的8421码分别用4位二进制数（0000~1001）来表示。例如，十进制数321的8421码就是

$$3 \qquad 2 \qquad 1$$

$$0011 \qquad 0010 \qquad 0001$$

这里十进制数3的8421码为0011、2的8421码为0010、1的8421码为0001，因此十进制数321的8421BCD码为001100100001。这种方法是用4位二进制码的组合代表十进制数的0，1，2，3，4，5，6，7，8，9。4位二进制数码有16种组合，原则上可任选其中的10种作为代码，分别代表10进制中的10个数符。8，4，2，1分别是4位二进制数的位权值。

①8421BCD码与十进制数的转换。此转换非常直观，相互转换也很简单。按照上述例题的方法，将十进制小数75.4转换为BCD码为

$$75.4 = （01110101.0100）BCD$$

反之，若将 BCD 码 10000101.0101 转换为十进制数，即

$$(10000101.0101)BCD = 85.5$$

注意：同一个 8 位二进制代码表示的十进制数，它表示的一般二进制数的十进制数和它表示的 BCD 二进制编码数的十进制数值是不相同的。

例如 00011000，当把它视为一般的二进制数时，其十进制数为 24，这里的 24 为一般二进制下的十进制数；但把它视为 BCD 码的二进制数时，其十进制数为 18，这里的 18 为 BCD 码下的十进制数。

再如 00011100，如将其视为一般的二进制数时，其十进制数为 28，但不能将它当成 BCD 码的二进制数。因为，在 8421BCD 码中，它是个非法编码，8421BCD 码的每一位的二进制数最大能表示到十进制数的 9，而 00011100 低 4 位十进制数为 12。因此，这不是一个合法的 8421BCD 码。它的合法 8421BCD 码应为 00101000，是由其十进制数 28 转换而来的。

② 8421BCD 码与十六进制的转换。可先将一般的十六进制数表示为一般的十进制数，再将此十进制数表示成 8421BCD 码。例如：十六进制数 3FH，其十进制数为 63，再将十进制数 63 转化为 BCD 码为 01100011，还可以将 01100011 用十六进制数表示为 63H。

BCD 码有两种形式，分别是压缩 BCD 码和非压缩 BCD 码。压缩 BCD 码是一种用 4 位二进制数表示十进制数的方法。首先用 4 位二制数表示个位，然后用 4 位二进制数表示十位，接着用 4 位二进制数表示百位，等等。例如，十进制数 251 需要用 3 个 4 位二进制数来表示：1 表示为 0001，5 表示为 0101，2 表示为 0010。最后十进制数 251 的 BCD 数据表示为 001001010001。非压缩的 BCD 码用 8 位二进制数表示 1 个十进制数，其中低 4 位为 BCD 码，高 4 位为 0。两种 BCD 码的形式如表 1-3 所列。

表 1-3　BCD 码的形式

十进制数字	压缩 BCD 码	非压缩 BCD 码
0	0000	0000 0000
1	0001	0000 0001
2	0010	0000 0010
3	0011	0000 0011
4	0100	0000 0100
5	0101	0000 0101
6	0110	0000 0110
7	0111	0000 0111
8	1000	0000 1000
9	1001	0000 1001

（2）字符的编码。

在控制系统中，单片机不但要处理大量的数值，还要处理大量的字符，如英文字母、汉字、标点符号等非数值信息。这些字符在单片机中有特定的编码形式。目前，计算机中使用最广泛的字符集及其编码形式是美国国家标准局（ANSI）制定的 ASCII（American standard code for information interchange，美国标准信息交换）码。这些字符数据在单片机中以 ASCII 码的二进制形式进行存放，并使用 7 位二进制数对字符进行编码。基本的 ASCII 码字符编码如表 1-4 所列。

表 1-4　基本的 ASCII 码字符编码

b4b3b2b1	b7b6b5							
	000	001	010	011	100	101	110	111
0000	NUL	DLE	SP	0	@	P	`	p
0001	SOH	DC1	!	1	A	Q	a	q
0010	STX	DC2	"	2	B	R	b	r
0011	ETX	DC3	#	3	C	S	c	s
0100	EOT	DC4	$	4	D	T	d	t
0101	ENQ	NAK	%	5	E	U	e	u
0110	ACK	SYN	&	6	F	V	f	V
0111	BEL	ETB	`	7	G	W	g	w
1000	BS	CAN	(	8	H	X	h	x
1001	HT	EM	)	9	I	Y	i	y
1010	LF	SUB	*	:	J	Z	j	Z
1011	VT	ESC	+	;	K	[	k	|
1100	FF	FS	,	<	L	/	l	|
1101	CR	GS	–	=	M	]	m	}
1110	SO	RS	.	>	N	^	n	~
1111	SL	US	/	?	O	_	o	DEL

在表 1-4 中，第 3 列和第 4 列及最后一个"DEL"为控制字符，其他均为可打印字符。需要注意的是，第 4 列中的"SP"并非控制字符，而是可打印字符，其含义是空格。目前，基本的 ASCII 码字符集包括十进制数字符号'0'～'9'，大、小写英文字母，各种运算符号、标点符号，等等，共 128 个字符。这 128 个字符包括 95 个可打印字符、33 个不可打印的控制字符。其中，可打印字符是指包括'0'～'9'数字符号，大、小写英文字母，各种运算符号、标点符号，共 95 个，它们都能在屏幕显示或用打印机打印出来；不可打印的控制字符起到控制设备的作用，但不能在屏幕显示或用打印机打印出来。

从表 1-4 中可以发现，按照国际标准规定，每个字符的二进制数均为 7 位，即低 4 位加高 3 位；但每个字符的 ASCII 码在单片机中占 1 个字节，其最高位为 0。例如，字符'0'的 ASCII 码为 $(00110000)_2 = (48)_{10} = (30)_{16}$；字符'A'的 ASCII 码为 $(01000001)_2 = (65)_{10} = (41)_{16}$。由此可见，'0'~'9'这 10 个字符的 ASCII 码和十进制数 0~9 的含义是不同的，所以字符的 ASCII 码和普通十进制数值的二进制码在单片机处理数据时是不一样的，它们之间相差 $(30)_{16}$，如'1' = $(1)_{10}$+$(30)_{16}$。通常，在编写程序时，字符上要加单引号。单片机处理该字符时，以其 ASCII 码的值参与运算；而普通的十进制数是不加单引号的，单片机处理数字时，仍以其一般十进制的二进制数据进行运算。这点要十分注意。

【任务评估】

（1）单片机主要被应用在哪些领域？

（2）将下列十进制数转换为其他进制数：

①将十进制数 39 分别转换为二进制数、八进制数和十六进制数；

②将十进制数 56.73 分别转换为二进制数、八进制数和十六进制数。

（3）完成下列进制间的转换：

①将二进制数 10111100.101 分别转换为八进制数、十进制数和十六进制数；

②将八进制数 345.20 分别转换为二进制数、十进制数和十六进制数；

③将十六进制数 873.9 分别转换为二进制数、八进制数和十进制数；

（4）完成下列码制间的转换：

①56D 的原码、反码和补码；

②-87 的原码、反码和补码；

③在 8 位单片机中，-89D 的二进制数；

④在 8 位单片机中，62D 的二进制数。

（5）完成下列进制间的转换：

①$(11110111)_2$ 转换为十六进制数；

②$(6DF7)_{16}$ 转换为十制数；

③$(143)_{10}$ 转换为二进制数；

④$(82)_{10}$ 转换为十六进制数；

⑤$(110111)_2$ 转换为十进制数；

⑥$(110111110111)_2$ 转换为十六进制数；

⑦$(32)_{10}$ 转换为十六进制数；

⑧1ADH 转换为十进制数。

花样流水灯

任务一　点亮一盏 LED 灯

【知识目标】

❖ 熟知 Keil 软件的使用方法和程序下载方法；

❖ 知道 C51 语言的编程思想和基本格式；

❖ 记住 51 单片机 I/O 口的特性；

❖ 熟记 LED 的导通特性。

【能力目标】

❖ 会使用 Keil 软件编写、编译、调试程序；

❖ 会使用 STC-ISP 软件下载程序；

❖ 通过控制 51 单片机 I/O 口点亮一盏或多盏 LED 灯，从而实现控制 LED 灯的亮灭。

【任务描述】

要求点亮 LED 灯后，使 LED 灯每间隔一段时间亮灭一次，并不断循环。

一、STC89C52 单片机 I/O 口的操作

1.STC89C52 单片机 I/O 口的概念

I/O(input/output)是输入输出端口的简称，通常叫作 I/O 口，可以通过软件来控制

其输入和输出。STC89C52 单片机芯片引脚示意图如图 2-1 所示，单片机的 I/O 口引脚与外部设备相连接，从而实现与外部通信、控制及数据采集等功能。I/O 口引脚最简单的应用即点亮 LED 灯，通过软件控制 I/O 口引脚输出高低电平即可实现。I/O 口引脚还可以作为输入控制，如在引脚上接入一个按键，通过电平的高低判断按键是否被按下。

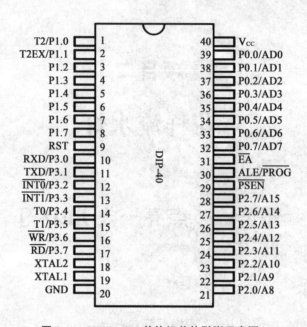

图 2-1　STC89C52 单片机芯片引脚示意图

那么 STC89C52 单片机上是否所有引脚都是 I/O 口引脚呢？当然不是。STC89C52 单片机引脚可以分为以下五类。

（1）电源引脚：图 2-1 中的 V_{CC}，GND 都属于电源引脚。

（2）晶振引脚：图 2-1 中的 XTAL1，XTAL2 都属于晶振引脚。

（3）复位引脚：图 2-1 中的 RST/VPD 属于复位引脚，不作其他功能使用。

（4）下载引脚：STC89C52 单片机的串口功能引脚（TXD，RXD）可以作为下载引脚使用。

（5）I/O 口引脚：图 2-1 中带有"P×.×"等字样的均属于 I/O 口引脚。

从图 2-1 中可以看出，I/O 口占用了 STC89052 单片机芯片大部分的引脚，分为了 4 组并行 I/O 口，即 P0，P1，P2，P3，共 32 个；每组分别为 8 个 I/O，即 P0.0～P0.7，P1.0～P1.7，P2.0～P2.7，P3.0～P3.7。而且 51 单片机 P1 口的部分引脚具有第二功能，P3 口的 P3.0～P3.7 中每个 I/O 都具备第二功能，只要通过相应的寄存器设置，即可配置对应的第二功能。注意：同一时刻，每个引脚只能使用该引脚的一个功能。P1 口和 P3 口相关引脚第二功能见本书项目一中的表 1-1。

2.STC89C52 单片机 I/O 口的结构

STC89C52 单片机的 I/O 口既可以作为输入口，也可以作为输出口。除了 P0 口为漏极开路，其 8 位双向 I/O 口内部无上拉电阻外，其他 3 组 I/O 口(P1，P2，P3)内部都有上拉电阻，称为准双向 I/O 口。P0 口内部结构图如图 2-2 所示。P1，P2，P3 口内部结构图如图 2-3 所示。

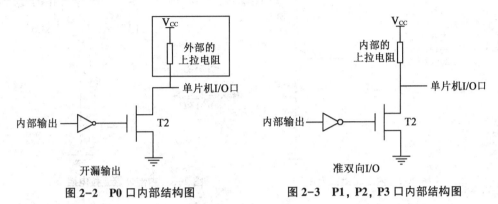

图 2-2 P0 口内部结构图   图 2-3 P1，P2，P3 口内部结构图

什么是上拉电阻？所谓上拉，就是将一个电阻的一端接在电源的正极上，简单地说，就是将电位拉到高电平。这种引脚的悬空电平不确定状态，对单片机的运行有时会产生干扰，使得单片机运行不稳定。因此，对 P0 口来说，在平时要接一个上拉电阻，使之输出为确定的高电平状态。对于 5 V 电源的单片机来说，一般 1.3 V 以下认为是低电平，3.7 V 以上认为是高电平，且单片机刚上电时或复位后，4 组 I/O 口均为高电平。

为了方便分析问题，可以将单片机 I/O 口内部的 MOS 管等效为双极三极管电路，如图 2-4 和图 2-5 所示，如果单片机 I/O 口输出端是开路，那么单片机内部电路输入信号，软件无论是写高电平(1)还是写低电平(0)，当不带外接负载时，单片机输出口都没有信号，处于悬空高阻状态，因为此时无论是输入高电平还是低电平，MOS 管由于无电源提供电流，使 T2 无法导通。当单片机 I/O 口输出端内部无上拉电阻(如图 2-4 所示)时，需要在单片机外部外接上拉电阻，如图 2-5 所示。当在单片机的输出 I/O 口通过一个上拉电阻且将输出信号接电源正极时，单片机的输出 I/O 口就可以输出高低电平信号。其原因是当单片机内部通过软件写 1(高电平)时，三极管 T1 导通，此时三极管 T2 为低电平而截止，不带负载时，上拉电阻上的电流为 0，所以输出端口为高电平；当单片机内部由软件写 0(低电平)时，三极管 T1 截止，T2 导通，所以输出端口为低电平。不仅如此，上拉电阻还改变了高低电平的电压范围和扩大了被控制电流的范围，由于单片机 I/O 口输入、输出电流较小，而外接电源输出电流较大，因此，外加上拉电阻可以大大提高 I/O 口的电流驱动能力，所以上拉电阻使得单片机引脚上输出的高低电平的电压范围和电流大小变得灵活了。因此，上拉电阻在很多型号的单片机中都有应用，甚至有的单片机的所有引脚都可以接上拉电阻。同时，上拉电阻起到限流的作用。

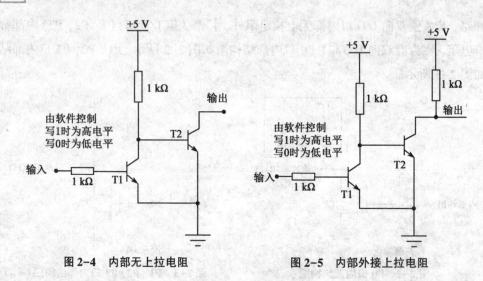

图 2-4 内部无上拉电阻   图 2-5 内部外接上拉电阻

3.STC89C52 单片机 I/O 口带负载时的驱动能力

STC89C52 单片机 P0 外接上拉电阻后,用作输入口时(软件写数据输出高低电平),要求最大输入电流不超过 20 mA,最大输出电流由外电路来确定。P0 口输出低电平如图 2-6所示,当单片机 P0 口内部软件写 0、T 导通时,输出 P0.×口为低电平,此时电流是输入电流,又称为灌电流,不超过 20 mA;当单片机 P0 口内部软件写 1、T 不导通时,输出 P0.×口为高电平,如图 2-7 所示,若此时 P0 口外接其他电路,则电流由电源正极流出,经过上拉电阻向外输出,此时电流是输出电流,又称为拉电流,且电流不经过单片机,电流的大小由外电路决定。

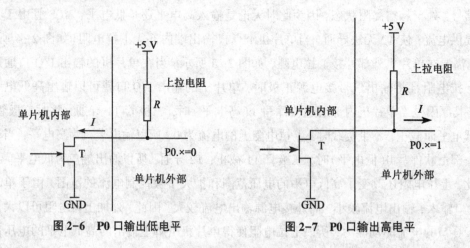

图 2-6 P0 口输出低电平   图 2-7 P0 口输出高电平

STC89C52 单片机 P1,P2,P3 口输出数据 0 时(软件写 0),输出引脚为低电平,此时输入电流为 8~12 mA,此电流又称为灌电流;当 P1,P2,P3 口输出数据 1 时(软件写 1),输出引脚为高电平,此时最大输出电流只有 100~200 μA,此电流又称为拉电流。由此可见,准双向 I/O 口灌电流驱动能力大于拉电流驱动能力。所以很多 51 单片机引脚输出高电平时，输出电流都很小，这是由于 P1，P2，P3 口虽然内部都有上拉电阻，但为弱上拉结构，一般这三个 I/O 口的内部上拉电阻都在几十千欧左右，所以这三个口输出电流很小，当接外部电路时，这一点非常值得注意。如图 2-8 所示，在 P1.0 口与地之间直接接一个 1 kΩ 的电阻，希望 P1.0 引脚输出高电平；但是实际上，如果在 P1.1 口和地之间直接接一个远小于内部上拉电阻的电阻，是无法得到高电平的。不妨计算一下，假设所接电阻大小为 1 kΩ，P1 口内部上拉电阻为 50 kΩ，实际 P1.0 输出电压为 5÷(1000+50000)×1000 ≈ 100 mV，即接近于 0 V。因此，即使通过软件写入高电平 1，P1.0 口也会被钳位到 100 mV，P1.0 口不可能得到高电平，所以不能这样设计电路。

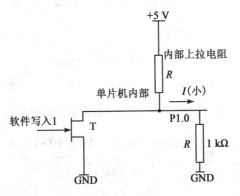

图 2-8　P1.0 口外接 1 kΩ 电阻

那么，当 P1 口和 P0 口外接负载时，如何输出高电平呢？先假设 P1 口接一个 74HC373，如图 2-9(a) 所示，其等效电路图如图 2-9(b) 所示。

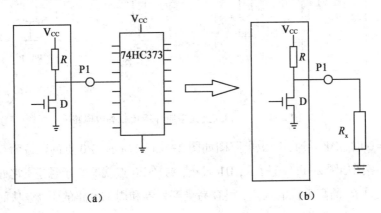

（a）　　　　　　　　　　　　　　　（b）

图 2-9　P1 口外接负载等效电路图

当 P1 口接上 74HC373 后，就等于接了一个负载（R_x），一般来说，这些数字电路的输入阻抗都很大，都在几兆欧，而 P1 口内的电阻（R）一般在几十千欧以内。

如图 2-10(a) 所示，当发出指令为 P1 = 0 时，MOS 管 D 导通，其等效电路图如图 2-10(b) 所示，这时 P1 点的电位为 0。当发出 P1 = 1 的指令后，MOS 管 D 截止，其等效电路图如图 2-10(c) 所示。因为 R_x 的阻值要比 R 的阻值大得多，因此，P1 点的电位接近电源电压，即高电平。

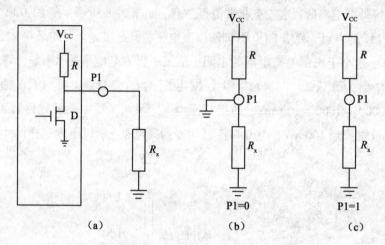

图 2-10 P1 口带负载时，输入低电平和高电平时的等效电路

当 P0 口无上拉电阻时，外接负载时等效电路如图 2-11 所示。

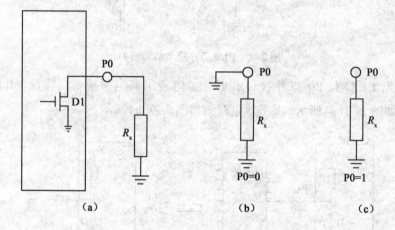

图 2-11 P0 口无上拉电阻外接负载等效电路

当 P0＝0 时，D1 导通，等效电路图如图 2-11(b) 所示，P0 点的电位为 0。而当 P0＝1 时，等效电路图如图 2-11(c) 所示，D1 截止，这样 P0 点就等效于悬空，它处在不稳定状态，P0 点又是 R_x 的高阻抗输入点，很容易受到外界和周围电路的干扰，从而直接影响到 74HC373 的输出状态。因此，P0 口外部必须接上拉电阻，如图 2-12 所示。

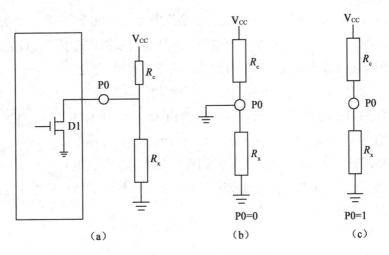

图 2-12　P0 口加上拉电阻后带负载等效电路

接上拉电阻（R_c）后，电路的状态就和 P1 口一样了。另外，当 I/O 口被用作输入数据即外界电路读取 I/O 口数据时，读取输入前，要向锁存器中写入 1；当将 I/O 口由低位拉至高位时，指令执行后，需要 1~2 个机器周期才能使实际的输出变成高电平。

I/O 口上拉电阻的选取原则如下。

（1）从降低功耗方面考虑，上拉电阻应该足够大，因为电阻越大，电流越小。

（2）从确保足够的引脚驱动能力考虑，上拉电阻应该足够小，因为电阻越小，电流越大。

（3）开漏输出时，过大的上拉电阻会导致信号上升沿变缓。

不同大小上拉电阻上升沿的变化过程如图 2-13 所示。

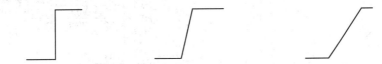

（a）理想的上升沿　　（b）上拉电阻较小时的上升沿　　（c）上拉电阻较大时的上升沿

图 2-13　不同大小上拉电阻上升沿的变化过程

总之，即使不了解 51 单片机的 I/O 口，只要记住两点：一是 51 单片机所有 I/O 口都是双向的，既可以作为输入使用，也可以作为输出使用；二是由于 P0 口是漏极开路，所以要操作 P0 口必须外接上拉电阻。P1，P2，P3 口内部都自带上拉电阻，可以不加上拉电阻。如果想增强这三个 I/O 口的拉电流驱动能力，也可以外接上拉电阻，使两个上拉电阻并联，从而减小总电阻大小，增大电流。

二、点亮一盏 LED 灯

1. LED 简介

LED 即发光二极管，如图 2-14 所示。它具有单向导电性，通过 5 mA 左右电流即可发光，电流越大，其亮度越强。但电流过大，会烧毁发光二极管，一般将电流控制在 3～20 mA。通常会在 LED 引脚上串联一个电阻，这是为了限制通过发光二极管的电流，因此，这些电阻又可以称为限流电阻。当发光二极管发光时，测量它两端电压约为 1.7 V，这个电压叫作发光二极管的导通压降。通常，除了蓝色、白色发光二极管导通压降稍大（约 2.5 V），其他颜色发光二极管的导通压降均在 2 V 左右。发光二极管正极又称阳极，负极又称阴极，电流只能从阳极流向阴极。直插式发光二极管长脚为阳极，短脚为阴极。仔细观察贴片式发光二极管正面的一端有彩色标记，通常有标记的一端为阴极。

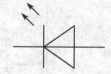

图 2-14　发光二极管

2.任务要求

了解 LED 的工作原理后，可以利用 STC89C52 单片机来点亮一盏 LED 灯，通过这个最基础的实验，能够让大家认识单片机的硬件电路设计和软件编程的开发过程。本任务要求点亮 LED 灯后，使 LED 灯每间隔一段时间亮灭一次，并不断循环。

3.电路原理图

点亮一盏 LED 灯电路原理图如图 2-15 所示。

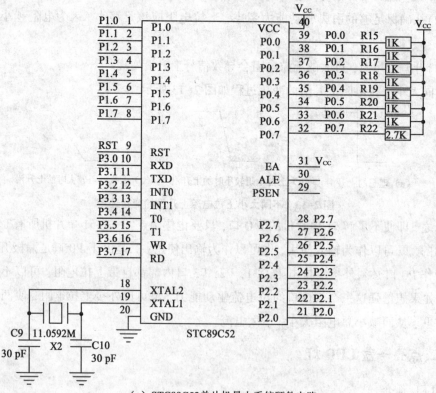

（a）STC89C52 单片机最小系统硬件电路

（b）电阻和LED电路

图 2-15 点亮一盏 LED 灯电路原理图

这个电路的硬件连接比较简单，仅由 STC89C52 单片机最小系统硬件电路、1 个电阻和 1 个 LED 电路构成。其中，LED 的阳极接+5 V 电源，LED 的阴极通过 1 个 200 Ω 的电阻与 P2.0 口相连。当 P2.0 口输出低电平(0)时，LED 正向导通发光；当 P2.0 口输出高电平(1)时，LED 反向截止而熄灭。这样使其每隔 450 ms 亮灭一次，实现 LED 的循环闪烁效果。

4.C 语言程序设计

本任务的 C 语言程序编写如下：

```
#include"reg52.h"          //此文件中定义了单片机的一些特殊功能寄存器
typedef unsigned int u16;
typedef unsigned char u8;   //对数据类型进行声明定义，用u16 代替 unsigned int，
                              u8 代替 unsigned char
sbit led=P2^0;              //将单片机的P2.0端口定义为led，用led替代P2.0
/****************************************************
* 函数名：delay
* 函数功能：延时函数，i=1 时，大约延时 10 μs
****************************************************/
void delay(u16 i)          //当i=1 时，大约延时 10 μs
{
  while(i--);              //当i--=0 时，退出循环；否则等待继续循环，实现延
                             时功能
}
/****************************************************
* 函数名：main
* 函数功能：主函数
* 输入：无
* 输出：无
****************************************************/
void main()
```

```
{
    while(1)                        //使程序在 main( )函数内不断循环,实现 LED 灯循环
                                    //  闪烁
    {
        led=0;                      //置为低电平
        delay(50000);               //大约延时 450 ms
        led=1;                      //置为高电平
        delay(50000);               //大约延时 450 ms
    }
}
```

至此,整个程序即编写完成,编译程序结果如图 2-16 所示。

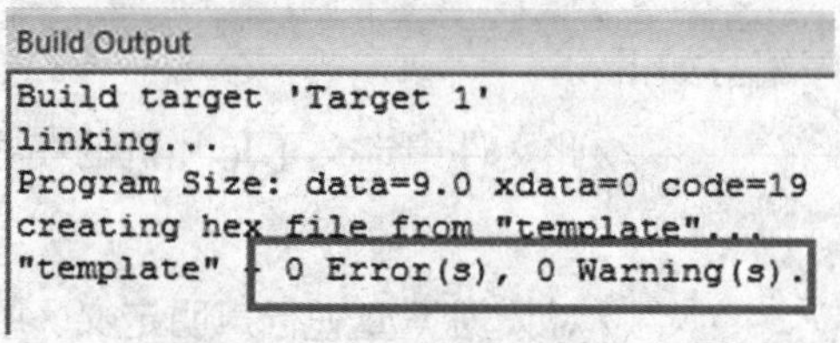

Build Output
```
Build target 'Target 1'
linking...
Program Size: data=9.0 xdata=0 code=19
creating hex file from "template"...
"template" - 0 Error(s), 0 Warning(s).
```

图 2-16   Keil C51 编译程序结果

从图 2-16 中可以看出,该程序没有错误及警告。这里解释一下编译程序结果里的几个数据的意义:code 表示程序所占用 FLASH 或 ROM 空间的大小;data 表示数据储存器内部 RAM 占用大小;xdata 表示数据储存器外部 RAM 占用大小。所以,该程序代码占用的 ROM 大小为 19 个字节,所用的 RAM 大小为 9(9+0)个字节。一定要注意的是,程序的大小不是 HEX 文件的大小,而是编译后的 code 和 data 数值之和。

任务二   LED 流水灯设计

【知识目标】

❖ 熟记循环左移、循环右移指令的用法;
❖ 解释实现多盏 LED 灯循环亮灭的算法。

【能力目标】

通过编程能够利用循环位移指令实现移位。

【任务描述】

循环让 D1~D8 指示灯逐个点亮，实现 LED 流水灯效果。本任务具体要求如下：

(1)8 盏 LED 灯，初始状态 D1 灯亮，其他 7 盏灯全灭；

(2)450 ms 后，第二盏 LED 灯亮，同时第一盏和其他 6 盏灯全灭；

(3)以此类推，由右至左，依次循环点亮，直到 D7 灯亮后，再由左至右，依次循环点亮；如此循环下去，实现 LED 流水灯效果。

一、电路原理图

LED 流水灯电路由 STC89C52 单片机最小系统硬件电路，以及 8 盏 LED 灯和 RP9，RP10 排阻电路构成。8 盏 LED 灯(D1~D7)分别接至单片机的 P2.0~P2.7 口。8 盏 LED 灯和 RP9，RP10 排阻电路图如图 2-17 所示。

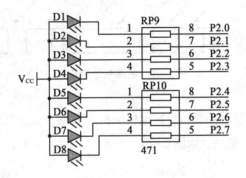

图 2-17 8 盏 LED 灯和 RP9，RP10 排阻电路图

二、程序设计

1.位移指令

本任务程序包括延时模块、循环左移模块、循环右移模块三个模块；头文件包括单片机头文件 reg52.h 和含有左右移函数的 intrins.h 头文件，由于 51 单片机没有循环左移和循环右移指令，所以该程序中只需要用到这两个函数。

左移、右移、循环左移、循环右移指令的区别如下。

(1)左移指令。

C51 语言中，左移指令的操作符为"<<"，每执行一次左移指令，被操作的数将最高位移入单片机 PSW 寄存器的 CY 位，CY 位中原来的数丢弃，最低位补 0，其他位依次向左移动一位，如图 2-18 所示。

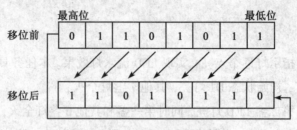

图 2-18　左移指令示意图

（2）右移指令。

C51 语言中，右移指令的操作符为"＞＞"，每执行一次右移指令，被操作的数将最低位移入单片机 PSW 寄存器的 CY 位，CY 位中原来的数丢弃，最高位补 0，其他位依次向右移动一位，如图 2-19 所示。

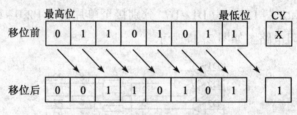

图 2-19　右移指令示意图

（3）循环左移。

循环左移为最高位移入最低位，其他位依次向左移一位，可以直接利用 C51 语言头文件中自带的函数_crol_实现，如图 2-20 所示。

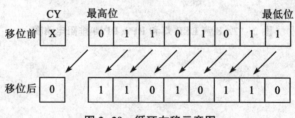

图 2-20　循环左移示意图

（4）循环右移。

循环右移为最低位移入最高位，其他位依次向右移一位，可以直接利用 C51 语言头文件中自带的函数_cror_实现，如图 2-21 所示。

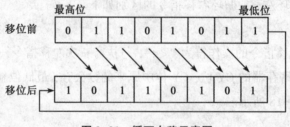

图 2-21　循环右移示意图

依照本任务要求，LED 灯每 450 ms 闪烁一次。一般人眼的刷新率在 40 ms 左右，低于 40 ms 基本就感觉不到闪烁了。所以这里选择 450 ms，需要用到延时函数，利用 Keil C51 软件调试后发现，下面的延时程序：

```
void delay(u16 i)
{
    while(i--);
}
```

当 i=1 时，大约延时 10 μs，即大约 10 个机器周期。

单片机周期的相关概念如下。

① 时钟周期。它也称振荡周期，定义为时钟频率的倒数。也可以这样说，时钟周期就是单片机外接晶振的倒数（如 12 MHz 的晶振，其时钟周期就是 1/12 μs），它是单片机中最基本的、最小的时间单位。在一个时钟周期内，CPU 仅完成一个最基本的动作。对于某个单片机来讲，若采用了 1 MHz 的时钟频率，则时钟周期就是 1 μs。它控制着 CPU 的工作节奏，每触发一个脉冲，CPU 便运行一次。显然，对同一种单片机，时钟频率越高，单片机的工作速度越快。STC89C 系列单片机的时钟范围在 1~40 MHz。

② 状态周期。它是时钟周期的 2 倍。

③ 机器周期。单片机的基本操作周期，在一个操作周期内，单片机完成一项基本操作，如取指令、存储器读/写等。它是由 12 个时钟周期组成的。若单片机晶振为 12 MHz，则其机器周期为 12×(1/12)= 1 μs。

④ 指令周期。它是指 CPU 执行一条指令所需要的时间。一般一个指令周期含有 1~4 个机器周期。

2.C 语言程序设计

```
#include" reg52.h"          //此文件中定义了单片机的一些特殊功能寄存器
#include<intrins.h>         //因为要用到左右移函数，所以加入这个头文件
typedef unsigned int u16;   //对数据类型进行声明定义
typedef unsigned char u8;
#define LED P2              //将 P2 口定义为 led,后面就可以使用 led 代替 P2 口
/***********************************************
* 函数名：delay
* 函数功能：延时函数，i=1 时，大约延时 10 μs
***********************************************/
void delay(u16 i)          //延时 10 μs
{
```

```
    while(i--);
}
/ * * * * * * * * * * * * * * * * * * * * * * * * * * * * * * * * * * * * * * *
* 函数名：main
* 函数功能：主函数
* 输入：无
* 输出：无
* * * * * * * * * * * * * * * * * * * * * * * * * * * * * * * * * * * * * * */
void main( )
{
    u8 i;
    led = ~0x01;                //11111110
    delay(50000);              //大约延时450 ms
    while(1)
    {
        for(i=0; i<7; i++)     //循环8次
        {
            led = _crol_(led, 1);  //将led左移一位，左移1次后为11111101
            delay(50000);          //大约延时450 ms
        }
        for(i=0; i<7; i++)     //循环8次
        {
            led = _cror_(led, 1);  //将led右移一位，0111111右移1次后为10111111
            delay(50000);          //大约延时450 ms
        }
    }
}
```

任务三 花样流水灯设计

【知识目标】

❖ 熟记 C51 语言建立数组的方法；

❖ 熟记查表法的应用方法；

❖ 知道函数的嵌套操作过程。

【能力目标】

能够利用查表法实现多盏 LED 灯以不同方式亮灭的花样控制。

【任务描述】

花样流水灯共 32 盏 LED 灯，分为 4 组，每组 I/O 口控制 8 盏 LED 灯，可实现以下 4 种花样控制模式。

模式 1：首先 4 组 LED 灯依次点亮，每组 LED 灯每次只点亮 1 盏；然后 4 组 LED 灯再次依次点亮，每组 LED 灯每次点亮 2 盏；最后 4 组 LED 灯按照次序每次点亮 4 盏，直到全部熄灭。

模式 2：首先 2 组 LED 灯同时点亮、同时熄灭，每组 LED 灯每次只点亮 1 盏；然后另外 2 组 LED 灯同时点亮、同时熄灭，每次点亮 1 盏。

模式 3：首先 4 组 LED 灯同时点亮、同时熄灭，每组 LED 灯每次只点亮 1 盏；然后 4 组 LED 灯反向再实现一次。

模式 4：首先 2 组 LED 灯同时点亮，每组 LED 灯每次亮 1 盏后不熄灭；然后另外 2 组 LED 灯同时点亮、同时熄灭，每组 LED 灯每次亮 1 盏后不熄灭。

上述 4 种控制模式依次循环。

一、硬件电路设计

1.电路模块

花样流水灯电路包括 STC89C52 单片机最小系统硬件电路、P0 口的 8 盏 LED 灯、P1 口的 8 盏 LED 灯、P2 口的 8 盏 LED 灯、P3 口的 8 盏 LED 灯，共 5 个模块；限流电阻均设为 520 Ω，每组 LED 灯均为共阳极接法(即阳极全部接在一起)。

2.电路原理图

花样流水灯电路原理图如图 2-22 所示。

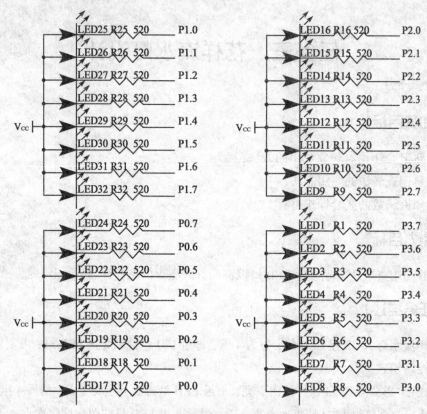

图 2-22　花样流水灯电路原理图

二、程序设计

1.程序模块

本任务程序包含 4 组查询 LED 控制表模块、1 ms 延时模块、带形参的延时函数模块、4 种 LED 控制模式模块。现将查表法介绍如下。

在单片机开发过程中，对于一些非线性的控制过程，系统要求时时改变系统的运行参数，以达到控制的目的，这时最适合把这些被控制的运行参数做成一张表格，通过查表的方式，按照控制要求，在需要的时候，取出参数，实现实时控制，从而把复杂的问题简单化、表格化。此方法即查表法。其方便灵活，增强了程序的可读性，大大提高了编程效率。在单片机学习过程中，查表法是经常使用的编程方法之一，因此，掌握这种方法是十分重要的。

LED 灯查询控制方式如表2-1和表 2-2 所列。

表 2-1 每次点亮 LED 灯的控制方式

每次亮1盏	0XFE	0XFD	0XFB	0XF7	0XEF	0XDF	0XBF	0X7F			
	0X7F	0XBF	0XDF	0XEF	0XF7	0XFB	0XFD	0XFE			
每次亮2盏	0XFE	0XFC	0XF9	0XF3	0XE7	0XCF	0X9F	0X3F	0X7F		
	0X7F	0X3F	0X9F	0XCF	0XE7	0XF3	0XF9	0XFC	0XFE		
每次亮4盏	0XFE	0XFC	0XF8	0XF0	0XE1	0XC3	0X87	0X0F	0X1F	0X3F	0X7F
	0X7F	0X3F	0X1F	0X0F	0X87	0XC3	0XE1	0XF0	0XF8	0XFC	0XFE

表 2-2 每次亮 1 盏 LED 灯后不灭的控制方式

每次亮1盏LED灯，亮后不灭	0XFE	0XFC	0XF8	0XF0	0XE0	0XC0	0X80	0X00

例如，在程序中，将 0XF3 赋给 P0 口，则表示 P0 口的 8 个引脚（P0.7~P0.0）状态为 11110011，此时第 2 位和第 3 位均为低电平（0），这样连接在 P0.2，P0.3 口的 LED 灯将被点亮，其他灯熄灭。以此类推，需要哪种控制方式，只需在表格中取出相应的十六进制数码。

2.C 语言程序设计

```
#include<reg52.h>
#include"intrins.h"//程序中需要用到 nop 函数,nop 函数在此头文件中
#define uchar unsigned char
uchar code Tab11[ ] = {0xfe,0xfd,0xfb,0xf7,0xef,0xdf,0xbf,0x7f};
//每次亮 1 盏, 11111110→11111101→11111011→……→01111111

uchar code Tab12[ ] = {0x7f,0xbf,0xdf,0xef,0xf7,0xfb,0xfd,0xfe};
//每次亮 1 盏, 01111111→10111111→11011111→……→11111110

uchar code Tab13[ ] = {0xfe,0xfc,0xf9,0xf3,0xe7,0xcf,0x9f,0x3f,0x7f};
//每次亮 2 盏, 11111110→11111100→11111001→……→01111111

uchar code Tab14[ ] = {0x7f,0x3f,0x9f,0xcf,0xe7,0xf3,0xf9,0xfc,0xfe};
//每次亮 2 盏, 01111111→00111111→10011111→……→11111110

uchar code Tab15[ ] = {0xfe,0xfc,0xf8,0xf0,0xe1,0xc3,0x87,0x0f,0x1f,0x3f,0x7f};
//每次亮 4 盏, 11111110→11111100→1111000→11110000→11100001→……→01111111

uchar code Tab16[ ] = {0x7f,0x3f,0x1f,0x0f,0x87,0xc3,0xe1,0xf0,0xf8,0xfc,0xfe};
```

```
//每次亮4盏, 01111111→00111111→00011111→00001111→10000111→…→11111110
uchar code Tab21[ ] = {0xfe,0xfc,0xf8,0xf0,0xe0,0xc0,0x80,0x00};
//每次亮1盏,亮后不灭, 11111110→11111100→1111000→…→00000000
unsigned int mod1 = 100, mod2 = 100, mod3 = 100, mod4 = 100;
//////////////////////////////////////////////////////
void Delay1 ms( )                    //11.0592 MHz 延时 1 ms
{
    unsigned char i, j;
    _nop_( );                        //空操作函数, 执行1次需要1个机器周期
    i = 2;
    j = 199;
    do
    {
        while ( --j);
    } while ( --i);
}
void delay_ms( unsigned int ms)      //带形参的延时函数
{
    while( ms--)
    {
    Delay1 ms( );
    }
}


void mode1( )                        //花样控制模式 1
{
    unsigned char i;
    for( i = 0; i<8; i++)
    {
            P1 = Tab11[i];           //查表将控制参数赋值给 P1 口, 每次亮1盏
            delay_ms( mod1);         //大约延时 100 ms
            P1 = 0XFF;               //连接 P1 口的8盏灯全部熄灭
    }
    for( i = 0; i<8; i++)
```

```
        {
                P0 = Tab11[i];
                delay_ms(mod1);
                P0 = 0XFF;
        }
        for(i=0; i<8; i++)
        {
                P2 = Tab12[i];
                delay_ms(mod1);
                P2 = 0XFF;
        }
}
for(i=0; i<8; i++)
{
                P3 = Tab12[i];
                delay_ms(mod1);
                P3 = 0XFF;
}
        for(i=0; i<9; i++)                //每次每组亮2盏
        {
                P1 = Tab13[i];
                delay_ms(mod1);
                P1 = 0XFF;
        }
        for(i=0; i<9; i++)
        {
                P0 = Tab13[i];
                delay_ms(mod1);
                P0 = 0XFF;
        }
        for(i=0; i<9; i++)
          {
                P2 = Tab14[i];
                delay_ms(mod1);
                P2 = 0XFF;
```

```
    }
    for(i=0; i<9; i++)
    {
            P3=Tab14[i];
            delay_ms(mod1);
            P3=0XFF;
    }

        for(i=0; i<11; i++)            //每次每组亮4盏
    {
            P1=Tab15[i];
            delay_ms(mod1);
            P1=0XFF;
    }
    for(i=0; i<11; i++)
    {
            P0=Tab15[i];
            delay_ms(mod1);
            P0=0XFF;
    }
    for(i=0; i<11; i++)
      {
            P2=Tab16[i];
            delay_ms(mod1);
            P2=0XFF;
    }
    for(i=0; i<11; i++)
      {
            P3=Tab16[i];
            delay_ms(mod1);
            P3=0XFF;
    }
}
void mode2()                        //花样控制模式2
{
```

```
    unsigned char i;
    for(i=0; i<8; i++)
    {
            P1=Tab11[i];          //P1 口、P3 口共 16 盏 LED 灯同时点亮，每次每组
                                      亮 1 盏
            P3=Tab11[i];
            delay_ms(mod2);
            P1=0XFF;              //P1 口、P3 口共 16 盏 LED 灯同时熄灭
            P3=0XFF;
    }
    for(i=0; i<8; i++)
    {
            P0=Tab11[i];          //P0 口、P2 口共 16 盏 LED 灯同时点亮，每次每组
                                      亮 1 盏
            P2=Tab11[i];
            delay_ms(mod2);
            P0=0XFF;              //P0 口、P2 口共 16 盏 LED 灯同时熄灭
            P2=0XFF;
    }
}
void mode3()                        //花样控制模式 3
{
    unsigned char i;
    for(i=0; i<8; i++)
    {
            P1=Tab11[i];          //4 组 I/O 口共 32 盏灯同时点亮，每次每组亮 4 盏
            P3=Tab11[i];
            P0=Tab12[i];
            P2=Tab12[i];
            delay_ms(mod3);
            P1=0XFF;              //4 组 I/O 口共 32 盏灯同时熄灭
            P2=0XFF;
            P3=0XFF;
            P0=0XFF;
```

```
        }
    for(i=0; i<8; i++)
    {
            P1=Tab12[i];            //4 组 I/O 口交换控制方式再次点亮
            P3=Tab12[i];
            P0=Tab11[i];
            P2=Tab11[i];
            delay_ms(mod3);
            P1=0XFF;
            P2=0XFF;
            P3=0XFF;
            P0=0XFF;
        }
}
void mode4( )                       //花样控制模式 4
{
    unsigned char i;
    for(i=0; i<8; i++)
    {
            P3=Tab21[i];            //2 组 I/O 口同时点亮，每次每组亮 1 盏后不灭
            P1=Tab21[i];
            delay_ms(mod4);
        }
    for(i=0; i<8; i++)
    {
            P2=Tab21[i];            //2 组 I/O 口同时点亮，每次每组亮 1 盏后不灭
            P0=Tab21[i];
            delay_ms(mod4);
        }
}
void main( )
{
    while(1)                        //4 种模式循环控制
    {
```

```
        mode1( );

        mode2( );

        mode3( );

        mode4( );

    }

}
```

上面程序中的数组类型后面多了一个 code 关键字，code 即表示编码的意思。与普通定义数组不同，单片机 C 语言中定义普通数组时占用 RAM 空间，而定义编码 code 数组时直接分配到 ROM 空间，编译后编码占用 ROM 存储空间，而非 RAM 空间。

【任务评估】

（1）编写使第一盏 LED 灯以间隔 500 ms 方式亮灭闪动的程序。

（2）编写使第一盏 LED 灯以亮 200 ms、灭 800 ms 的方式闪动的程序。

（3）利用 C51 语言自带库_crol_( )，以间隔 500 ms 方式，编写流水灯程序。

（4）编写使 8 盏 LED 灯按照如下方式循环点亮的程序。① L6，L4，L2，L0 全亮全灭；② L7，L5，L3，L1 全亮全灭；③ L7，L6，…,L0 依次单个点亮；④ 采用软件延时，时间间隔为 0.5 s。

（5）利用 for 语句的延时特性，编写一盏 LED 灯以间隔 1 s 方式亮灭闪动的程序。

项目三

智能交通灯

任务一　多位数码管显示

【知识目标】

❖ 复述多位数码管静态显示和动态显示的工作原理；

❖ 复述74HC245芯片的工作原理；

❖ 复述74HC138译码器的工作原理。

【能力目标】

会用74HC245芯片和74HC138译码器驱动数码管静态和动态显示数字或字母。

【任务描述】

利用74HC245芯片和74HC138译码器，驱动数码管在8位数码管上依次动态显示"1，2，3，4，5，6，7，8"。

一、数码管的工作原理

1.单位数码管工作原理

数码管是在实际应用中经常用到的显示设备，如洗衣机显示进水量、压力锅显示剩余时间等。数码管可以显示0~F的字形码，每个数码管共有a，b，c，d，e，f，g，dp共8段。数码管按照供电方式，一般分为共阴极数码管和共阳极数码管两种：共阴极数码管是在数码管的内部把 GND 连接在一起, 通过外部施加高电平来点亮数码管的每一段; 共阳极数码管则是在数码管的内部把 V_{CC} 连接在一起, 通过外部施加低电平来点亮数码管的每一段。

数码管按照位数分, 可分为单位数码管和多位数码管。但不管将几位数码管连在一起, 数码管的显示原理都是一样的, 即靠点亮内部的 LED 来发光。那么一个单位数码管是如何亮起来的呢? 图 3-1 所示是单位数码管的内部电路原理。从图 3-1(a) 中可以看出, 一位数码管的引脚是 10 个, 显示数字 8 需要 a~g 这 7 个小段, 另外还有 1 个小数点 dp, 所以其内部一共有 8 盏小的 LED 灯, 最后还有 1 个公共端。生产商为了封装对称, 单位数码管都封装 10 个引脚, 其中两个公共端是连接在一起的。而根据其公共端的不同, 又可分为共阳极数码管和共阴极数码管, 图 3-1(b) 为共阴极数码管的内部电路原理图, 图 3-1(c) 为共阳极数码管的内部电路原理图。

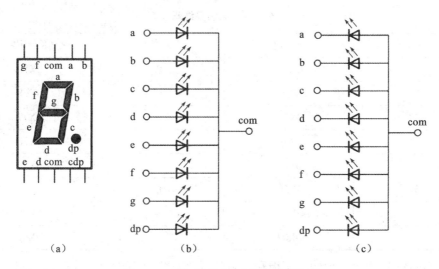

图 3-1 单位数码管的内部电路原理图

对共阴极数码管来说, 其 8 盏 LED 灯的阴极在数码管内部全部连接在一起, 所以称为"共阴", 而它们的阳极是独立的, 通常在设计电路时, 一般把阴极接地。当给数码管的任意一个阳极加一个高电平时, 对应的这个 LED 灯就被点亮了。例如, 如果把 a, b, c, d, e, f, g, dp 这 8 段从低位到高位依次连接到单片机的 I/O 口, 要想显示数字 8, 并且把右下角的小数点也点亮的话, 可以给 8 个阳极全部送高电平; 如果想让它显示数字 0, 那么除了给 g, dp 这 2 段送低电平, 其余引脚全部送高电平, 这样就可以显示数字 0。要想显示数字几, 就给相对应的 LED 阳极送高电平。因此, 在显示数字时, 首先要给 0~9 这 10 个数字编码。利用查表法, 对这 10 个数字编码, 当需要显示哪个数字时, 就调用相应的编码。其中, 编码方式分为共阳极编码和共阴极编码, 这两种编码方式是不同的, 如表3-1和表 3-2 所列。

表 3-1 共阳极编码

字符	字形码	字符	字形码
0	0XC0	8	0X80
1	0XF9	9	0X90
2	0XA4	a	0X88
3	0XB0	b	0X83
4	0X99	c	0XC6
5	0X92	d	0XA1
6	0X82	e	0X86
7	0XF8	f	0X8E

表 3-2 共阴极编码

字符	字形码	字符	字形码
0	0X3F	8	0X7F
1	0X06	9	0X6F
2	0X5B	a	0X77
3	0X4F	b	0X7C
4	0X66	c	0X39
5	0X6D	d	0X5E
6	0X7D	e	0X79
7	0X07	f	0X71

以显示数字 5 为例，说明共阴极和共阳极两种编码方式的区别。把 a，b，c，d，e，f，g，dp 这 8 段从第 0 位开始到第 7 位依次连接到单片机的 I/O 口上。当数码管为共阴极时，应向相应的需要被点亮的每段 LED 施加高电平（1），这样就可以点亮该段的 LED。而向其他段不被点亮的 LED 施加低电平（0）。如图 3-2 所示，数字 5 需要被点亮的段为 a，f，g，c，d，相应段的 LED 需要单片机 I/O 口施加高电平（1），其余段的 LED 被施加低电平（0），那么它的共阴极编码就应该为 01101101，即 0X6D。同样，当数码管为阳极时，这时应向数码管相应段的 LED 施加低电平（0），这样可以点亮该段的 LED，而其他段不被点亮的 LED 就被施加高电平（1）。如图 3-2 所示，数字 5 为共阳极编码时，相应的 a，f，g，c，d 段需要被施加低电平（0），其余段被施加高电平（1），那么它的共阳极编码就应该为 10010010，即 0X92。

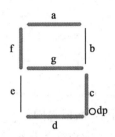

图 3-2　数码管显示数字 5

共阳极数码管内部 8 盏 LED 的所有阳极全部连接在一起,电路连接时,一般把阳极公共端接电源。因此,要点亮哪个 LED 就需要给其阴极送低电平,此时显示数字的编码与共阳极编码是相反的。需要注意的是,数码管内部 LED 点亮时,也需要 5 mA 以上的电流,而且电流不可过大,否则会烧毁 LED。由于单片机的 I/O 口输出电流很小,所以数码管与单片机连接时需要加驱动电路,可以用上拉电阻的方法或使用专门的数码管驱动芯片。

2.多位数码管工作原理

在实际应用系统中,很少用一个数码管进行显示,大多由几个数码管连在一起组成一个显示单元。4 位数码管组成的显示单元如图 3-3 所示。

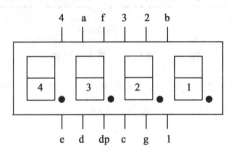

图 3-3　4 位数码管组成的显示单元

多位一体数码管内部的公共端是独立的。如图 3-3 所示,1,2,3,4 为 4 位数码管的公共端。若多位数码管为共阴极数码管,则想点亮哪个数码管,就要向哪个数码管的公共端输入高电平;若多位数码管为共阳极数码管,则想点亮哪个数码管,就要向哪个数码管的公共端输入低电平。因此,数码管的公共端接在单片机的 I/O 口上,由单片机输出高、低电平决定选择哪个数码管。通常把公共端叫作位选端。而负责显示数字、字母的 8 段 LED 是连接在一起,这样当在同一时刻所有位数码管全部被选中,所有数码管显示的数字或字母也是一样的。这 8 段 LED 叫作段选端。有了位选端和段选端后,通过单片机及外部驱动电路,就可以控制任意的数码管显示任意的数字了。

二、多位数码管的显示

1.多位数码管静态显示

由于多位数码管的位选端是独立可控制的,而段选端的a,b,c,d,e,f,g,dp这8段LED是连在一起的(如图3-4所示),所以在同一时刻,若所有位数码管全部单片机被选中,所有数码管显示的数字或字母一定也是一样的。因为所有数码管的段选端是连在一起的,在同一时刻看到显示的数字或字母自然都是相同的。这种同时显示相同数字或字母的显示方式,叫作静态显示。

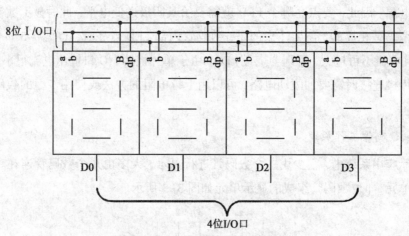

图3-4 多位数码管内部结构图

静态显示的优点是显示的数据稳定,无闪烁,占用CPU时间少;缺点是同一时刻只能显示相同的字符,数码管始终发光,发热量较大。

2.多位数码管动态显示

多位数码管动态显示是利用减少段选端,分开位选端,利用位选端不同时选择通断,改变段选端数据来实现的。若是共阳极数码管,则给位选端输送高电平(1)时,选通该位数码管;若是共阴极数码管,则给位选端输送低电平(0)时,选通该位数码管。例如,若第一次选中第一位数码管,给段选数据0,下一次位选中第二位数码管时显示1。为了在显示1时,0不会消失(当然实际上是消失了),必须在肉眼观察不到的时间里再次点亮0。而正常情况下,肉眼只能分辨变化超过24 ms间隔的运动。也就是说,下一次点亮0的时间差不得大于24 ms。这时就会发现,数码管点亮是向右或向左一位一位地点亮,形成了动态效果。如果把间隔时间延长,就能更直观地展示这个效果了。

因此,所谓动态显示,其原理就是采用扫描的方式,即在每一个时刻只使一位数码管显示相应字符。在此时刻,段选控制I/O口输出相应字符段选码,位选控制I/O口输出该位选通电平,共阴极电平给低电平(0)选通,共阳极电平给高电平(1)选通,如此轮流选通数码管,使每位显示该位应显示的字符,并保持一段时间。利用 LED 的余光和人眼视觉暂留作用,使视觉上好像各位数码管同时都在显示,而实际上多位数码管是一位一位地轮流显示的,只是轮流的速度非常快,人眼已经无法分辨出来。

动态显示的优点是同一时刻能显示不同的字符,数码管发热量小;缺点是稳定性不如静态显示,而且在显示位数较多时 CPU 要轮番扫描,占用 CPU 较多的时间。但即便动态显示存在这样的缺点,但是由于其优势明显,其应用也非常广泛,所以一定要掌握数码管动态显示方法。

3.多位数码管驱动芯片(74HC245 芯片)

如前所述,要使单片机能控制数码管的显示,仅靠单片机自带 I/O 口来驱动是不行的,因为单片机的 I/O 口输出电流只有 100 多微安,而数码管每段的正常工作电流为 5～10 mA,这时就需要增加外部驱动芯片,通常使用 74HC245 芯片。该芯片引脚输出电流可达 10 mA,整个输出端口电流可达 83 mA。下面详细介绍这种芯片的功能及使用方法。

74HC245 芯片是一种三态输出、八路信号放大收发器。其并行输入,并行输出,主要应用于大屏显示及其他消费类电子产品中,以增加驱动负载能力。其引脚结构图如图3-5 所示。

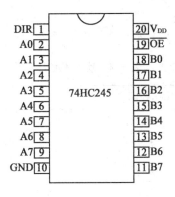

图 3-5　74HC245 芯片引脚结构图

74HC245 芯片主要特性如下:① 采用 CMOS 工艺;② 宽电压工作范围,即 3.0～5.0 V;③ 双向三态输出;④ 八线双向收发器;⑤ 封装形式为 SOP20,SOP20 - 2,TSSOP20,DIP20。

74HC245 芯片各引脚功能如表 3-3 所列。

表 3-3　74HC245 芯片各引脚功能

符号	管脚名称	管脚号	说明
A0～A7	数据输入/输出	2～9	
B0～B7	数据输入/输出	11～18	

表 3-3(续)

符号	管脚名称	管脚号	说明
$\overline{OE}$	输出使能	19	
DIR	方向控制	1	DIR = 1, A→B; DIR = 0, B→A
GND	逻辑地	10	逻辑地
V_{DD}	逻辑电源	20	电源端

第 1 脚：DIR 用于输入/输出端口方向转换。当 DIR = 1(即高电平)时，信号由 A 端输入，B 端输出；当 DIR = 0(即低电平)时，信号由 B 端输入，A 端输出。

第 2~9 脚：A 信号输入/输出端，A1 与 B1 是一组，以此类推。若 DIR = 1，则 A1 输入，B1 输出；若 DIR = 0，则 B1 输入，A1 输出；其他类同。

第 11~18 脚：B 信号输入/输出端，功能与 A 端一样，不再描述。

第 19 脚：$\overline{OE}$ 使能端，低电平有效。若该引脚为 1，A/B 端的信号将不导通；只有为 0时，A/B 端才被启用。该引脚起到开关的作用。

第 10 脚：GND，电源地。

第 20 脚：V_{DD}，电源正极。

其功能真值表如表 3-4 所列。

表 3-4　功能真值表

输出使能控制	输出控制	工作状态
$\overline{OE}$	DIR	
L	L	Bn 输入，An 输出
L	H	An 输入，Bn 输出
H	X	高阻态

从表 3-3 和表 3-4 中可以知道，该芯片使用方法并不复杂，给 $\overline{OE}$ 使能引脚低电平，DIR 引脚为高电平，传输方向是 A→B；DIR 引脚为低电平时，传输方向是 B→A。至于是输出高电平还是输出低电平，取决于输入端的状态。如果输入为低电平，输出则为低电平；如果输入为高电平，输出则为高电平。如果 $\overline{OE}$ 使能引脚为高电平，不论 DIR 引脚是高电平还是低电平，输出都是高阻态。

通常使用 74HC245 芯片作为驱动，只会让其在一个方向输出，即 DIR 引脚为高电平，传输方向是 A→B。

4. 74HC138 译码器

2 个 4 位一体的共阴极数码管的位选线有 8 根，如果直接让单片机 I/O 口控制是没有任何问题的，但考虑到 51 单片机 I/O 口资源的限制，通常会使用一种 I/O 扩展芯片，如 74HC138，74HC164，74HC595 芯片等。只需要用到很少的单片机 I/O 口就可以扩展出 8 个控制口，通过级联方式甚至可扩展出更多的控制口。通常使用的是 74HC138 译码器。

74HC138 译码器只需单片机 3 个 I/O 口就可以实现 8 个位选引脚的控制，大大节省了单片机的 I/O 资源。这种译码器的引脚图如图 3-6 所示。

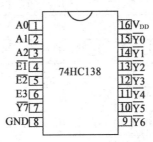

图 3-6　74HC138 译码器引脚图

其各引脚功能如表 3-5 所列。

表 3-5　74HC138 译码器各引脚功能

符号	引脚名称	引脚号
$\overline{Y0} \sim \overline{Y6}$, $\overline{Y7}$	数据输出	15~9, 7
A0~A2	数据输入	1~3
$\overline{E1}$, $\overline{E2}$, E3	使能控制	4~6
V_{DD}	逻辑电源	16
GND	逻辑地	8

74HC138 是一种三通道输入、八通道输出的译码器，主要应用于电子产品中的译码功能，可为数字芯片提供 I/O 的扩展，可通过级联方式实现更多 I/O 口的扩展操作。该译码器可接受 3 位二进制加权地址输入端（A0，A1，A2），提供 8 个低有效输出端（Y0~Y7），3 个使能输入端：2 个低电平有效（$\overline{E1}$ 和 $\overline{E2}$）和 1 个高电平有效（E3）的引脚，当E1 和$\overline{E2}$置低电平且 E3 置高电平时，74HC138 编译器的译码功能才能正常使用，否则 74HC138 编译器将保持所有输出引脚为高电平。74HC138 译码器真值表见表 3-6。

表 3-6　74HC138 译码器真值表

输入						输出							
E3	$\overline{E2}$	$\overline{E1}$	A2	A1	A0	$\overline{Y0}$	$\overline{Y1}$	$\overline{Y2}$	$\overline{Y3}$	$\overline{Y4}$	$\overline{Y5}$	$\overline{Y6}$	$\overline{Y7}$
X	H	X	X	X	X	H	H	H	H	H	H	H	H
X	X	H	X	X	X	H	H	H	H	H	H	H	H
L	X	X	X	X	X	H	H	H	H	H	H	H	H

表 3-6(续)

输入						输出							
E3	$\overline{E2}$	$\overline{E1}$	A2	A1	A0	$\overline{Y0}$	$\overline{Y1}$	$\overline{Y2}$	$\overline{Y3}$	$\overline{Y4}$	$\overline{Y5}$	$\overline{Y6}$	$\overline{Y7}$
H	L	L	L	L	L	L	H	H	H	H	H	H	H
H	L	L	L	L	H	H	L	H	H	H	H	H	H
H	L	L	L	H	L	H	H	L	H	H	H	H	H
H	L	L	L	H	H	H	H	H	L	H	H	H	H
H	L	L	H	L	L	H	H	H	H	L	H	H	H
H	L	L	H	L	X	H	H	H	H	H	L	H	H
H	L	L	H	H	L	H	H	H	H	H	H	L	H
H	L	L	H	H	X	H	H	H	H	H	H	H	L

从表 3-6 中可以看出,当给 $\overline{E1}$, $\overline{E2}$ 使能引脚为低电平、E3 引脚为高电平时,哪个引脚输出有效电平(低电平),要看 A0,A1,A2 输入引脚的电平状态。若 A0,A1,A2 都为低电平,则 Y0 输出有效电平(低电平),其他引脚均输出高电平;若 A0 为高电平,A1,A2 都为低电平,则 Y1 输出有效电平(低电平),其他引脚均输出高电平。其他几种输出可利用同样方法对照真值表查看。如果 $\overline{E1}$, $\overline{E2}$ 使能引脚任意一个为高电平或 E3 为低电平,不论输入什么电平,输出都为高电平。

实际上,A0,A1,A2 输入就相当于 3 位二进制数,A0 是低位,A1 是次高位,A2 是高位。而 Y0~Y7 具体哪一个输出有效电平,就看输入二进制数对应的十进制数是多少。例如,输入是 100(A2,A1,A0),其对应的十进制数是 6,所以 Y6 输出有效电平(低电平)。利用 74HC138 译码器的这种三通道输入、八通道输出的原理,就能对数码管的位选端是否选通进行自由的控制了。

三、单位数码管静态显示设计

1.任务要求

利用 74HC245 芯片和单位共阳极数码管静态显示数字 2。

2.硬件电路

单位数码管静态显示设计电路包括 STC89C52 单片机最小系统硬件电路、74HC245 驱动电路(见图 3-7)、共阳极单位数码管电路(见图 3-8),共 3 个电路模块。

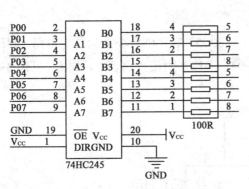

图 3-7　74HC245 驱动电路图

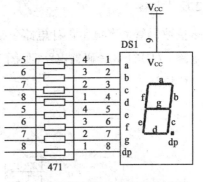

图 3-8　共阳极单位数码管电路图

3.C 语言程序设计

```
#include" reg52.h"              //此文件中定义了单片机的一些特殊功能寄存器
typedef unsigned int u16;       //对数据类型进行声明定义
typedef unsigned char u8;
u8 code smgduan[17] = {0x3f, 0x06, 0x5b, 0x4f, 0x66, 0x6d, 0x7d, 0x07,
0x7f, 0x6f, 0x77, 0x7c, 0x39, 0x5e, 0x79, 0x71};
                                //共阴极显示 0~F 的值
/************************************************
* 函数名：main
* 函数功能：主函数
* 输入：无
* 输出：无
************************************************/
void main()
{
    P0 = ~smgduan[2];           //段选取反，转换为共阳极编码
    while(1);                   //程序在此处，始终显示数字 2
}
```

四、多位数码管动态显示设计

1.任务要求

利用共阴极多位数码管、74HC245 芯片和 74HC138 译码器，由左到右动态循环显示数字 0~7。

2.硬件电路

多位数码管动态显示设计电路包括 STC89C52 单片机最小系统硬件电路、74HC245 驱动电路、74HC138 译码器电路(见图 3-9)、多位共阴极数码管显示电路(见图 3-10),共 4 个模块组成。

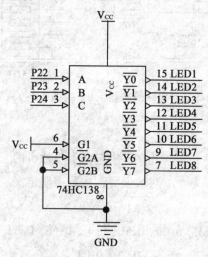

图 3-9　74HC138 译码器电路图

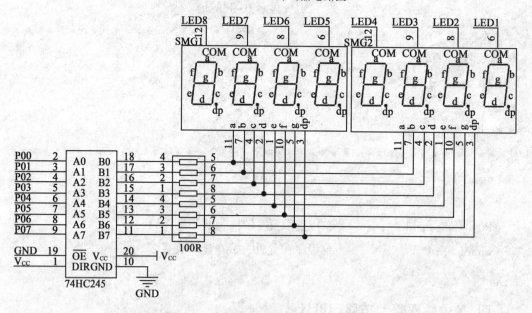

图 3-10　多位共阴极数码管显示电路图

3.C 语言程序设计

```
#include" reg52.h"          //此文件中定义了单片机的一些特殊功能寄存器
typedef unsigned int u16;   //对数据类型进行声明定义
typedef unsigned char u8;
```

```
sbit LSA = P2^2;                    //译码器输入 A0
sbit LSB = P2^3;                    //译码器输入 A1
sbit LSC = P2^4;                    //译码器输入 A2
u8 code smgduan[17] = {0x3f, 0x06, 0x5b, 0x4f, 0x66, 0x6d, 0x7d, 0x07,
0x7f, 0x6f, 0x77, 0x7c, 0x39, 0x5e, 0x79, 0x71};
                                    //共阴极编码显示 0~F 的值
```

```
/**********************************************
* 函数名: delay
* 函数功能: 延时函数, i=1 时, 大约延时 10 μs
**********************************************/
void delay(u16 i)
{
    while(i--);
}

/**********************************************
* 函数名: DigDisplay
* 函数功能: 数码管动态扫描函数, 循环扫描 8 个数码管显示
**********************************************/
void DigDisplay()
{
    u8 i;
    for(i=0; i<8; i++)
    {
        switch(i)                          //位选, 选择点亮的数码管
        {
            case(0):
                LSA=1; LSB=1; LSC=1; break;  //译码器输入 111, 第 7 位显示 0
            case(1):
                LSA=0; LSB=1; LSC=1; break;  //译码器输入 110, 第 6 位显示 1
            case(2):
                LSA=1; LSB=0; LSC=1; break;  //译码器输入 101, 第 5 位显示 2
            case(3):
                LSA=0; LSB=0; LSC=1; break;  //译码器输入 100, 第 4 位显示 3
            case(4):
```

```
        LSA = 1; LSB = 1; LSC = 0; break;   //译码器输入 011,第 3 位显示 4
    case(5):
        LSA = 0; LSB = 1; LSC = 0; break;   //译码器输入 010,第 2 位显示 5
    case(6):
        LSA = 1; LSB = 0; LSC = 0; break;   //译码器输入 001,第 1 位显示 6
    case(7):
        LSA = 0; LSB = 0; LSC = 0; break;   //译码器输入 000,第 0 位显示 7
    }
    P0 = smgduan[i];                        //发送段码
    delay(100);                             //间隔一段时间动态扫描
    P0 = 0X00;                              //消隐,使所有数码管全灭
    }
}
/* * * * * * * * * * * * * * * * * * * * * * * * * * * * * * * * * * * * *
* 函数名: main
* 函数功能:主函数
* 输入:无
* 输出:无
* * * * * * * * * * * * * * * * * * * * * * * * * * * * * * * * * * * * */
void main()
{
    while(1)
    {
        DigDisplay();       //数码管显示函数
    }
}
```

上面程序中需要注意的是,在每次送完段选数据后,在送入位选数据之前,需要加上一句"P0 = 0X00;",这条语句的专业名称叫作"消隐"。它的作用是在刚送完段选数据后,P0 口仍然保持着上次的段选数据。若不加"消隐"语句而执行接下来命令,则在数码管高速显示状态下,原来保持在 P0 口的段选数据可能不会立即消失,仍然可以看见数码管内出现显示数影隐藏在数码管内;加上"消隐"语句后,P0 口所有段选数据全为低电平,所以哪个数码管都不会亮。因此,这个"消隐"语句是十分重要的。

任务二　单片机中断

【知识目标】

❖ 解释 51 单片机外部中断的原理；

❖ 熟记独立按键的结构、原理；

❖ 熟记独立按键检测、消抖的方法。

【能力目标】

能够使用独立按键产生外部中断，使 LED 灯闪烁。

【任务描述】

利用独立按键产生外部中断，使用外部中断 0、外部中断 1 分别实现 LED 灯的闪烁，使按键按一下，LED 灯亮一次，再按一下，LED 灯熄灭，并不断循环。

一、独立按键的检测

1.独立按键介绍

键盘分为编码键盘和非编码键盘。键盘上闭合键的识别由专用的硬件编码器实现，并产生键编码号或键值的称为编码键盘，如计算机键盘。而靠软件编程来识别的键盘称为非编码键盘。在单片机组成的各种系统中，使用较多的是非编码键盘。非编码键盘又分为独立键盘和行列式键盘(即矩阵键盘)。本任务介绍的是独立键盘。

前面介绍的都是 I/O 口作为输出时的使用，下面通过独立按键实验来介绍 I/O 口作为输入时的使用，即读取单片机 I/O 口的状态。通过本任务的介绍，让大家学会如何使用 51 单片机来检测独立按键的控制。

按键是一种电子开关。使用时，轻按开关按钮，可使开关接通；松开开关按钮时，可使开关断开。在单片机的学习中，经常使用的按键实物及其内部结构图如图 3-11 所示。

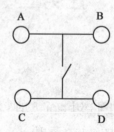

图3-11 按键实物及其内部结构图

按键管脚两端距离长的表示默认是导通状态,如图3-11中的A和B、C和D;距离短的默认是断开状态,如图3-11中A和C、B和D。当按键按下后,不松手,则A和C导通、B和D导通;松手后,则A和C断开、B和D断开。独立按键与单片机连接图如图3-12所示。

图3-12 独立按键与单片机连接图

2.独立按键检测

通常,开关所用按键为机械弹性开关,当机械触点断开、闭合时,电压信号变化如图3-13所示。

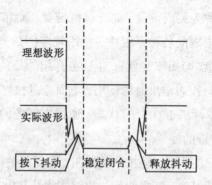

图3-13 按键按下时电压信号变化

由于机械点的弹性作用,按键开关在闭合时不会立刻稳定地接通,在断开时也不会立刻断开,因而在闭合和断开的瞬间均伴随着一连串的抖动。抖动时间的长短由按键的机械特性决定,一般为5~10 ms。按键稳定闭合时间的长短则由操作人员的按键动作决定,一般为零点几秒至数秒。所以按键的抖动会引起按键被误读多次。为了确保CPU对按键的一次闭合仅做一次处理,在系统中必须进行消抖。

　　按键消抖有两种方式:一种是硬件消抖,另一种是软件消抖。为了使电路更加简单,通常采用软件消抖。一般来说,一个简单的按键消抖就是先读取按键的状态,如果得到按键按下状态之后,延时约为 10 ms,再次读取按键的状态,如果按键还是按下状态,那么说明按键已经确认被按下。其中,延时 10 ms 就是软件消抖处理。至于硬件消抖,大家可以自行了解,这里不再赘述。

　　单片机常用的软件消抖的具体方法如下:

　　(1)先设置 I/O 口为高电平;

　　(2)读取 I/O 口电平,确认是否有按键被按下;

　　(3)如有 I/O 口电平为低电平,延时几毫秒;

　　(4)再读取该 I/O 口电平,如果确认仍然为低电平,那么说明对应按键已被按下;

　　(5)执行相应按键的程序。

　　单片机如何检测按键是否被按下呢?当有多个独立按键时,电路构成为各个按键的一个引脚连接在一起并接地,各个按键其他引脚分别接到单片机的 I/O 口上。众所周知,单片机的 I/O 口既可作为输出也可作为输入使用,当检测按键时,I/O 口作为输入功能时,独立按键的一端接地,另一端与单片机的某个 I/O 口相连,开始时,先给该 I/O 口赋高电平,然后让单片机不断地检测该 I/O 口是否变为低电平,当按键闭合时,相当于该I/O 口通过按键与地相连,变成低电平,程序一旦检测到 I/O 口变为低电平,则说明按键被按下,然后执行相应的指令。

　　3.任务要求

　　按下按键 K1,LED 灯点亮,再次按下按键 K1,LED 灯熄灭,如此循环。

　　4.硬件电路

　　独立按键控制 LED 灯亮灭电路原理图如图 3-14 所示。

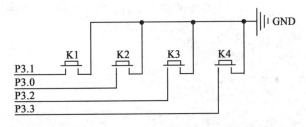

图 3-14　独立按键控制 LED 灯亮灭电路原理图

　　5.C 语言程序设计

```
#include" reg52.h"          //此文件中定义了单片机的一些特殊功能寄存器
typedef unsigned int u16;    //对数据类型进行声明定义
```

```
typedef unsigned char u8;
sbit k1=P3^1;                 //定义 P31 口是按键 K1
sbit led=P2^0;                //定义 P20 口是 led
/* * * * * * * * * * * * * * * * * * * * * * * * * * * * * * * * * * * * * *
* 函数名: delay
* 函数功能: 延时函数, i=1 时, 大约延时 10 μs
* * * * * * * * * * * * * * * * * * * * * * * * * * * * * * * * * * * * * * */
void delay(u16 i)
{
    while(i--);
}
/* * * * * * * * * * * * * * * * * * * * * * * * * * * * * * * * * * * * * *
* 函数名: keypros
* 函数功能: 按键处理函数, 判断按键 K1 是否按下
* * * * * * * * * * * * * * * * * * * * * * * * * * * * * * * * * * * * * * */
void keypros()
{
  if(k1==0)                   //检测按键 K1 是否按下
  {
    delay(1000);              //消除抖动, 一般大约 10 ms
    if(k1==0)                 //再次判断按键是否按下
    {
      led=~led;               //led 状态取反
    }
    while(!k1);               //检测按键是否松开, 如果不松开, 继续等待
  }
}
/* * * * * * * * * * * * * * * * * * * * * * * * * * * * * * * * * * * * * *
* 函数名: main
* 函数功能: 主函数
* * * * * * * * * * * * * * * * * * * * * * * * * * * * * * * * * * * * * * */
void main()
{
    led=1;                    //初始灯灭
```

```
while(1)
{
    keypros( );                //按键处理函数
}
}
```

二、单片机的中断

1.中断的概念

CPU 在处理某一事件 A 时，另一事件 B 发出请求（中断请求），此时 CPU 暂时中断当前的工作，转去处理事件 B（中断响应和中断服务），待 CPU 将事件 B 处理完毕后，再回到原来事件 A 被中断的地方继续处理事件 A（中断返回），这一过程称为中断。例如，你正在看电影，这时电话铃响了，你暂停电影之后，去接电话；当电话讲到一半时，厨房的水烧开了，你让对方等一下，又去关煤气；然后回来继续打电话；挂断电话以后，继续从刚才电影暂停的地方播放电影。这样做是因为一个人不可能同时完成这么多事情，所以每当有新的任务时，就要暂停正在做的事情，一件一件地去完成需要做的事情。

单片机也一样，通常一个单片机的内部只有一个 CPU，一次只能做一件事情，但是实际工作中却要完成很多事情，如执行程序、数据传输、数据采集等一系列任务。因此，当单片机遇到新的任务请求时，也要采取中断的方式，暂时停下当前正在做的事情，然后去处理突发任务。

引起 CPU 中断的根源，称为中断源。中断源向 CPU 提出中断请求，CPU 暂时中断原来正在处理的事件 A，转去处理事件 B。对事件 B 处理完毕后，再回到原来被中断的地方（即断点），称为中断返回。实现上述中断功能的部件称为中断系统（中断机构）。中断过程示意图如图 3-15 所示。

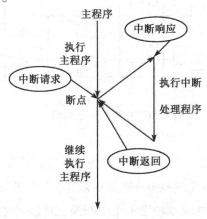

图 3-15　中断过程示意图

2.中断的优点及传送方式

早期的计算机系统中不包含中断系统；后来，为了解决快速主机与慢速外设的数据传送问题，引入了中断系统。中断系统具有如下优点。

① 分时操作。CPU 可以分时为多个外设服务，提高了计算机的利用率。

② 实时响应。CPU 能够及时处理应用系统的随机事件，系统的实时性大大增强。

③ 可靠性高。CPU 具有处理设备故障及掉电等突发性事件的能力，从而提高了系统可靠性。

在中断传送方式下，平时各自做数据传送工作的甲、乙双方，一旦甲方要求与乙方进行数据传送，就主动发出信号，提出申请。乙方接到申请后，若同意传送，则安排好当前的工作再响应，并与甲方发生数据传送；数据传送完毕，则返回，继续做中断前的工作。

3.中断系统的结构

STC89C52 单片机中断系统有 5 个中断源、2 个中断优先级，可实现二级中断嵌套。中断系统由中断源、中断请求标志位、中断允许寄存器（IE）、中断优先级控制寄存器（IP）、内部硬件查询电路组成，如图 3-16 所示。

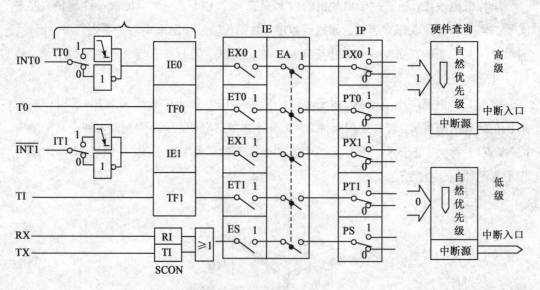

图 3-16　中断系统结构图

（1）中断源。

在中断过程中，向 CPU 提出请求的程序称为中断源。通常 51 单片机有 5 个基本的中断源，分别是外部中断 0、定时器 0、外部中断 1、定时器 1、串行口中断。但是在 STC89C52 单片机的 DIP 封装中又增加了 1 个中断源，就是定时器 2，所以 STC89C52 单片机 DIP 封装下共有 6 个中断源。

（2）中断请求标志位。

① TCON 中断请求寄存器标志位见表 3-7。

表 3-7　TCON 中断请求寄存器标志位

位	7	6	5	4	3	2	1	0
字节地址：88H	TF1	TR1	TF0	TR0	IE1	IT1	IE0	IT0

❖ IT0（TCON.0）：外部中断 0 触发方式控制位。

当 IT0＝0 时，为电平触发方式（低电平有效）。

当 IT0＝1 时，为边沿触发方式（高电平变为低电平，下降沿有效）。

❖ IE0（TCON.1）：外部中断 0 中断请求标志位。当 CPU 响应该中断请求后，该位由硬件自动清零。

❖ IT1（TCON.2）：外部中断 1 触发方式控制位。

当 IT1＝0 时，为电平触发方式（低电平有效）。

当 IT1＝1 时，为边沿触发方式（高电平变为低电平，下降沿有效）。

❖ IE1（TCON.3）：外部中断 1 中断请求标志位。当 CPU 响应该中断请求后，该位由硬件自动清零。

❖ TR0（TCON.4）：定时器 T0 的运行控制位。该位由软件置位和清零。

当 GATE（TMOD.3）＝0，TR0＝1 时，允许 T0 开始计数；TR0＝0 时，禁止 T0 计数。

当 GATE（TMOD.3）＝1，TR0＝0 且 INT0 输入高电平时，允许 T0 计数。

❖ TF0（TCON.5）：定时器/计数器 T0 溢出中断请求标志位。当 CPU 响应该中断请求后，该位由硬件自动清零。

❖ TR1（TCON.6）：定时器 T1 的运行控制位。该位由软件置位和清零。

当 GATE（TMOD.7）＝0，TR1＝1 时，允许 T1 开始计数；TR1＝0 时，禁止 T1 计数。

当 GATE（TMOD.7）＝1，TR1＝1 且 INT1 输入高电平时，允 T1 计数。

❖ TF1（TCON.7）：定时器/计数器 T1 溢出中断请求标志位。当 CPU 响应该中断请求后，该位由硬件自动清零。

T2 定时器的 T2CON 中断请求寄存器可以查阅 STC89C52 单片机的数据手册，这里只以基本的定时器 T0，T1 进行介绍。

② SCON 中断请求寄存器标志位见表 3-8。

表 3-8　SCON 中断请求寄存器标志位

位	7	6	5	4	3	2	1	0
字节地址：98H							TI	RI

❖ RI（SCON.0）：串行口接收中断标志位。当允许串行口接收数据时，每接收完一个

串行帧，由硬件置位 RI。但 CPU 响应该中断后，硬件不能自动清除 RI 位，RI 位必须由软件手动清除。

❖ TI（SCON.1）：串行口发送中断标志位。当 CPU 将一个发送数据写入串行口发送缓冲器时，就启动了发送过程。每发送完一个串行帧，由硬件置位 TI。CPU 响应中断后不能自动清除 TI 位，TI 位必须由软件手动清除。

（3）中断允许控制寄存器（IE）。

CPU 对中断系统中的所有中断及某个中断源的开放和屏蔽，是通过中断允许寄存器（IE）进行控制的，其控制字如表 3-9 所列。

表 3-9　中断允许控制寄存器 IE 的控制字

位	7	6	5	4	3	2	1	0
字节地址：A8H	EA		ET2	ES	ET1	EX1	ET0	EX0

① EX0（IE.0）：外部中断 0 允许位。

② ET0（IE.1）：定时器/计数器 T0 中断允许位。

③ EXI（IE.2）：外部中断 0 允许位。

④ ETI（IE.3）：定时器/计数器 T1 中断允许位。

⑤ ES（IE.4）：串行口中断允许位。

⑥ ET2（IE.5）：定时器/计数器 T2 中断允许位。

⑦ EA（IE.7）：CPU 中断允许（总允许）位。

（4）中断优先级寄存器（IP 和 IPH）。

STC89C52 单片机有两个中断优先级，可实现二级中断服务嵌套。每个中断源的中断优先级都是由 IP（表 3-10）和 IPH（表 3-11）中的相应位的状态来规定的。

表 3-10　中断优先级寄存器（IP）

位	7	6	5	4	3	2	1	0
字节地址：B8H			PT2	PS	PT1	PX1	PT0	PX0

① PX0（IP.0）：外部中断 0 优先级设定位。

② PT0（IP.1）：定时器/计数器 T0 优先级设定位。

③ PX1（IP.2）：外部中断 0 优先级设定位。

④ PT1（IP.3）：定时器/计数器 T1 优先级设定位。

⑤ PS（IP.4）：串行口优先级设定位。

⑥ PT2（IP.5）：定时器/计数器 T2 优先级设定位。

表 3-11　中断优先级寄存器(IPH)

位	7	6	5	4	3	2	1	0
字节地址：B7H			PT2	PS	PT1	PX1	PT0	PX0

① PX0(IPH.0)：外部中断 0 优先级设定位。

② PT0(IPH.1)：定时器/计数器 T0 优先级设定位。

③ PX1(IPH.2)：外部中断 0 优先级设定位。

④ PT1(IPH.3)：定时器/计数器 T1 优先级设定位。

⑤ PS(IPH.4)：串行口优先级设定位。

⑥ PT2(IPH.5)：定时器/计数器 T2 优先级设定位。

同一优先级中的中断申请不止一个时，则有中断优先权排队问题，同一优先级的中断优先权排队，由中断系统硬件确定的自然优先级形成，其顺序见表 3-12。

表 3-12　中断优先级顺序表

中断源	中断编号	优先级
$\overline{INT0}$	0	高
T0	1	
$\overline{INT1}$	2	
T1	3	↓
UART	4	
T2	5	低

执行中断优先级有如下三条原则：

① 当单片机 CPU 同时接收几个中断时，首先响应优先级别最高的中断请求；

② 正在进行的中断，无法被新的同级或低优先级的中断请求所中断；

③ 正在进行的低优先级中断服务，能被高优先级中断请求所中断。

为了实现②③两条原则，中断系统内部设有 2 个用户不能寻址的优先级状态触发器。其中一个置 1，表示正在响应高优先级的中断，它将阻断后来所有的中断请求；另一个置 1，表示正在响应低优先级中断，它将阻断后来所有的低优先级中断请求。

4.执行中断过程的步骤

(1)中断响应的条件。

中断响应有如下 3 个条件：

① 中断源有中断请求；

② 此中断源的中断允许标志位为 1；

③ CPU 开总中断(即 EA=1)。

当以上 3 个条件同时满足时，CPU 才能响应中断请求。

（2）执行中断过程的步骤。

首先是系统内部向 CPU 发生中断请求。中断事件一旦发生，中断源就提交中断请求（将中断标志位置 1），欲请求 CPU 暂时放下目前的工作，转向为该中断做专项服务。由硬件自动实现。

其次是中断使能。虽然中断源提交了中断请求，但是能否得到 CPU 的响应，还要取决于该中断请求能否通过若干关卡送达 CPU（若中断使能位等于 1，关卡放行），这些关卡分为以下两类：

① 此中断源的中断允许位置 1，需要用户编程完成；

② 全局总中断允许位置 1，需要用户编程完成。

再次是 CPU 中断响应。若一路放行，则 CPU 响应该中断请求，记录断点，跳转到中断服务程序。由硬件自动完成。对于 INT 外部中断和 TMR 定时器中断，中断响应时中断标志位会被硬件自动清零。

然后进入中断内部，进行中断处理。对中断源进行有针对性的服务。由用户编程完成。

最后中断处理结束后中断返回。返回到主程序断点处，继续执行主程序。由硬件自动实现。

5. 中断的嵌套

如果多个中断源同时提出中断请求，先响应高优先级中断源，后响应低优先级中断源。若中断源的优先级相同，则根据其内部中断查询顺序，先查询的先响应，后查询的后响应。注意：这个查询是硬件自动完成的，用户并不需要为此书写语句。

如果一个中断源提出了中断请求，已经转去执行其中断服务程序了，期间又有一个中断源提出了中断请求，CPU 的处理原则是：若新的中断优先级与当前正在处理的中断是同级的，则不予响应，待当前中断服务程序执行完毕后，再响应；若新的中断优先级比当前正在处理的中断优先级高，则会发生中断嵌套。如图 3-17 所示，在多中断源程序的编写中，用户必须认真考虑优先级问题；否则，中断系统会运行不正常，甚至导

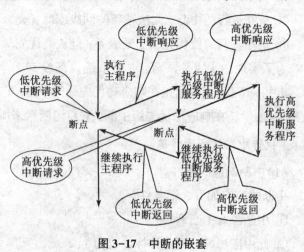

图 3-17　中断的嵌套

致危险的发生。

6.中断函数的使用

中断函数的写法格式如下：

void 中断函数名( ) interrupt 中断编号

{ }

书写和使用中断函数时,要注意以下六点。

(1)对于中断函数名,用户可以随意命名,但必须要加 interrupt,表示定义的是中断函数。

(2)后面的中断编号是中断函数执行时编译器识别不同中断的唯一编号。

(3)中断函数无形参和实参。

(4)任何时候中断函数都不能直接调用,它是当硬件提出中断要求时,CPU 自动响应的,不是用户直接调用的。

(5)与普通函数不同,中断函数不需要声明。

(6)中断函数的执行是不可预测的,只要 CPU 执行了中断响应,立即执行中断函数内的指令,执行完毕后,再回到中断处,继续执行程序。

三、外部中断

1.任务要求

利用一个按键和外部中断 0 实现 LED 灯亮灭的控制,当按下按键时,LED 灯亮,再次按下按键时,LED 灯灭,如此循环。

2.电路原理图设计

外部中断电路的独立按键电路原理图同图 3-14。其中,按键 K3 接至外部中断 0 的 P3.2 口,LED 阴极接至 P2.0 口,初始状态所有I/O口复位上电时均为高电平,所以初始时 LED 灯熄灭。

3.C 语言程序设计

```
#include" reg52.h"           //此文件中定义了单片机的一些特殊功能寄存器
typedef unsigned int u16;     //对数据类型进行声明定义
typedef unsigned char u8;
sbit k3 = P3^2;               //定义按键 K3
sbit led = P2^0;              //定义 P20 口是 led
/***********************************************
* 函数名：delay
```

* 函数功能：延时函数，i=1 时，大约延时 10 μs

* *

```
void delay(u16 i)
{
while(i--);
}
```

/* *

* 函数名：Int0Init( )
* 函数功能：设置外部中断 1
* 输入：无
* 输出：无

* */

```
void Int0Init( )
{
                          //设置 INT0
ITO=1;                    //跳变沿触发方式(下降沿)
EX0=1;                    //打开外部 INT0 的中断允许
EA=1;                     //打开总中断
}
```

/* *

* 函数名：main
* 函数功能：主函数
* 输入：无
* 输出：无

* *

```
void main( )
{
Int0Init( );              //设置外部中断 0
while(1);
}
```

/* *

* 函数名：Int0( ) interrupt 0
* 函数功能：外部中断 0 的中断函数
* 输入：无

* 输出：无

* *

```
void Int0( ) interrupt 0          //外部中断 0 的中断函数
{
delay(1000);                      //延时消抖
if(k3 = = 0)                       //确认按下按键
{
led = ~ led                        //LED 状态取反
}
while(!k1);                        //松手检测
}
```

任务三　定时器/计数器中断

【知识目标】

❖ 熟记 51 单片机定时器中断的定时计数原理；

❖ 熟知 51 单片机定时器寄存器配置；

❖ 记住 51 单片机定时器的工作方式。

【能力目标】

能够使用 T0，T1 定时器实现任意时间的定时。

【任务描述】

利用单片机定时器 0、74HC245 芯片、74HC138 译码器、2 个 4 位共阴极数码管实现秒表功能，要求 8 位数码管显示格式为"分.秒.毫秒"。

前面介绍了 51 单片机的外部中断，学会了如何配置 51 单片机的外部中断功能。下面介绍 51 单片机的定时器中断，利用定时器可以实现更加精准的定时。STC89C52 单片机含有 3 个定时器：定时器 0、定时器 1、定时器 2。需要注意的是，51 单片机都有 2 个基本的定时器（定时器 0 和定时器 1），而定时器 2 有专用的定时器 2 控制寄存器 T2CON 和 T2MOD，这需要查阅芯片手册。通常使用的单片机都有 2 个定时器，所以本任务以通用的定时器 0 和定时器 1 为例进行讲解。

一、定时器/计数器功能介绍

1.单片机的机器周期

在介绍定时器之前，先回顾一下几个关于机器周期的知识。

① 时钟周期。也称振荡周期，定义为时钟频率的倒数，即单片机外接晶振的倒数。

② 状态周期。它是时钟周期的 2 倍。

③ 机器周期。单片机的基本操作周期，在一个操作周期内，单片机完成一项基本操作，如取指令、存储器读/写等，由 12 个时钟周期组成。

④ 指令周期。它是指 CPU 执行一条指令所需要的时间。一般一个指令周期含有 1~4 个机器周期。

例如，当外接晶振为 12 MHz 时，51 单片机相关周期的具体值如下：振荡周期为 $1/12$ μs；状态周期为 $1/6$ μs；机器周期为 1 μs；指令周期为 1~4 μs。

2.定时器和计数器的功能区分

定时器在生活中的应用非常广泛。凡是涉及时间的功能，无不用到定时功能，如电冰箱里的定时器、定时报警器、时钟、空调等。其中，最常见的是时钟，其计时方式为 1 h＝60 min，1 min＝60 s。

同样，在工业生产中，需要计数的场合非常多。例如，钢铁行业加工零件时，需要计量零件的个数；线缆行业在电线生产出来之后要测量长度时，也需要计数。对于此类计数，行业中有很巧妙的方法，即用一个周长为 1 m 的轮子，将电缆绕在上面一周，由线缆带动轮子转动，这样，轮子转一周就是线长 1 m，再把轮子转过圈数转换成脉冲。所以只要记下脉冲的个数，就可以知道走过的线的长度了。

在时钟里，如果 1 s 计数 1 次，那么计数 60 s 就等于 1 min；同理，计数 3600 次就等于 1 h。由此可见，只要计数脉冲的时间间隔相等，计数值就代表了时间的长短。因此，计数和定时的原理是一样的，计数就相当于定时，定时的本质就是计数。

为了保证定时脉冲时间间隔的准确性，可以直接使用单片机的晶振时钟。在单片机内部，一个 12 MHz 的晶振时钟提供给计数器的脉冲时间间隔是 1 个机器周期。也就是说，对于单片机内部的 12 MHz 晶振的时钟，1 个机器周期计数 1 次。

在单片机中，定时功能和计数功能的区别是，计数功能是记录外部脉冲的个数，而定时功能则是记录单片机内部由晶振时钟产生的机器周期脉冲的个数。

51 单片机的内部有 2 个基础的 16 位定时器/计数器，即 Timer0(T0)和 Timer1(T1)。它们根据相应寄存器的设置来选择是以定时器的方式工作，还是以计数器的方式工作。定时器/计数器的核心就是一个加法计数器，对脉冲进行计数。若脉冲源是系统时钟，则工作在定时器方式，对内部晶振时钟脉冲进行计数；若脉冲源来自相应的外部引脚(定时器引脚要接外部脉冲设备），则工作在计数方式。所以定时器/计数器的定时和计数功能实际上都属于计数，只不过定时功能是计内部时钟脉冲的数，而计数功能是计外部脉冲的数。

定时器是单片机内部一个独立的硬件部分，一旦开启定时功能，定时器就在系统时钟的作用下开始自动计数，当定时器的计数器计满溢出后，就会产生中断请求。在实际编程过程中，以定时器方式使用居多，所以很多时候，直接把定时器/计数器简称为"定时器"。还需要注意的是，定时器/计数器和单片机的 CPU 是相互独立的，定时器/计数器工作的过程是单片机内部的定时器自动完成的，不需要 CPU 的参与。因此，定时器/计数器在工作的同时，CPU 会继续执行程序的指令，二者同时工作、互不影响。

二、定时器的工作寄存器

1. 51 单片机定时器/计数器结构

STC89C52 单片机内有 2 个可编程的定时器/计数器(T0, T1)，以及一个特殊功能定时器(T2)。定时器/计数器的实质是加 1 计数器(16 位)，由高 8 位和低 8 位 2 个寄存器 TH×和 TL×组成。它随着计数器的输入脉冲进行自加 1，即每来一个脉冲，计数器就自动加 1，当计数器加到为全 1 时，再输入一个脉冲就使计数器回零，且计数器的溢出使相应的中断标志位置 1，向 CPU 发出中断请求(定时器/计数器中断允许时)。如果定时器/计数器工作于定时模式，则表示定时时间已到；如果定时器/计算器工作于计数模式，则表示计数值已满。由此可见，由溢出时计数器的值减去计数初值就是加 1 计数器的实际计数值。按照定时器的工作过程，51 单片机定时器/计数器内部结构图如图 3-18 所示。

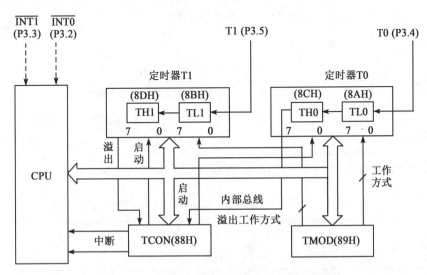

图 3-18 51 单片机定时器/计数器内部结构图

2.51 单片机定时器的工作寄存器

因为 51 单片机有 T0 和 T1 这 2 个定时器/计数器，所以其在使用定时器/计数器功能时需要设置 2 个与定时器相关的寄存器，即工作方式寄存器 TMOD 和控制寄存器 TCON。

定时器 T0 和定时器 T1 的工作方式寄存器 TMOD 用来设置 Timer 是作为定时器使用还是作为计数器使用，并且可以设置 Timer 的 4 种计数模式，如表 3-13 所列。

表 3-13　定时器工作方式寄存器 TMOD

定时器 T1				定时器 T0			
D7	D6	D5	D4	D3	D2	D1	D0
GATE	C/T	M1	M0	GATE	C/T	M1	M0

从表 3-13 中可以看出，工作方式寄存器 TMOD 的高 4 位用来设置定时器 T1，低 4 位用来设置定时器 T0。注意：TMOD 寄存器不可位寻址。

① GATE 门控制位：TMOD.7，TMOD.3。当 GATE=0 时，定时器的启动与停止由 TCON 寄存器中的 TR×控制；当 GATE=1 时，定时器的启动与停止由 TCON 寄存器中的 TR×和外部中断引脚 INT0，INT1 的电平共同控制。

② C/T（定时器/计数器）模式选择位：TMOD.6，TMOD.2。当 C/T=0 时，为定时器模式；当 C/T=1 时，为计数器模式。

③ M1，M0 工作方式选择位：TMOD.5，TMOD.4；TMOD.1，TMOD.0。它用来设置定时器的 4 种工作方式，其对应关系如表 3-14 所列。

表 3-14　定时器的工作方式设置

M1	M0	工作方式
0	0	方式 0，工作为 13 位定时器/计数器
0	1	方式 1，工作为 16 位定时器/计数器
1	0	方式 2，为 8 位初值自动重装的定时器/计数器
1	1	方式 3，T0 分成 2 个 8 位定时器/计数器，T1 停止工作

定时器 T0 和定时器 T1 的控制寄存器 TCON 如表 3-15 所列。

表 3-15　定时器的控制寄存器 TCON

D7	D6	D5	D4	D3	D2	D1
TF1	TR1	TF0	TR0	IE1	IT1	IE0

控制寄存器 TCON 可以进行位寻址，其中与定时器有关的几个位是 TF1，TR1，TF0，TR0。

①TF1：定时器T1溢出标志位。当定时器T1计数溢出时，由硬件将TF1置位，同时申请中断，进入中断服务程序后，由硬件自动清零。

②TR1：定时器T1运行控制位。当GATE＝0时，由软件将TR1置位启动定时器T1；当GATE＝1且INT1为高电平时，由软件将TR1置位启动定时器T1。

③TF0：定时器T0溢出标志位。当定时器T0计数溢出时，由硬件将TF0置位，同时申请中断，进入中断服务程序之后，由硬件自动清零。

④TR0：定时器T0运行控制位。当GATE＝0时，由软件将TR0置位启动定时器T0；当GATE＝1且INT0为高电平时，由软件将TR0置位启动定时器T0。

3. 定时器初值的计算

如前所述，定时器启动之后，在系统时钟驱动下，做加1运算，一直到计数器溢出，将TF×置位，并向系统申请中断。因此，定时器定时的长短除了与加1运算的初值有关外，还与溢出的门限值有关。实际就是与单片机的初值寄存器TH×和TL×及定时器的工作方式设置有关。

以定时器T0为例，设置M1，M0的值分别为0，1，定时器以16位的方式运行，那么它的合法计数范围是 $0 \sim 2^{16}-1$，即 $0 \sim 65535$。换句话说，如果定时器以16位方式运行，那么它最多计数到65535（11111111），如果此时再来1个脉冲，那么定时计数器就溢出，向CPU提出中断申请，CPU响应后，进入中断服务函数，执行函数内的指令。

假如单片机系统时钟为12 MHz，12个时钟周期为1个机器周期，那么机器周期为 $T=12 \times (1/12)$，即 1 μs。如果保持TH0，TL0的值为默认值0，那么定时器计数 2^{16} 即 65536次就会产生溢出，也就是大约65.5 ms（65536 μs）产生一次溢出。如果要定时10 ms（即10000 μs），那么就要给TH0和TL0设置一个合理的初值，使得在这个初值上计数10000次后产生溢出。这个初值的大小就是 $2^{16}-10000=65536-10000=55536$。这个数是十进制数，在编程时，要把55536拆成由高8位和低8位组成的2个二进制数，分别赋值给TH0，TL0。那么如何拆分呢？

首先将55536对256（ 2^8 ）取模，得到TH0的值为 $55536/256=216$，写成十六进制形式就是0XD8；再55536对256（ 2^8 ）求余数，得到TL0的值为 $55536\%256=240$，写成十六进制形式就是0XF0。

那么，当定时器在方式1下工作时，计算定时器初值的方法可以总结如下：

① $TH \times = (65536-N)/256$；

② $TL \times = (65536-N)\%256$；

③ $N = t/(12/F_{osc})$。

三、定时器的工作方式

通过设置TMOD寄存器中M1和M0的值，定时器有4种不同的工作方式。下面分别介绍这 4 种工作方式是如何使用的。

1.工作方式 0

当设置 M1，M0 的值分别为 0，0 时，定时器工作在方式 0。

在方式 0 下，定时器作为 13 位定时器使用，由 TL× 的低 5 位和 TH× 的 8 位所构成。当 TL× 溢出时向 TH× 进位，TH× 计数溢出则置位标志位 TF×，请求中断。定时器工作方式 0 在单片机内部电路图如图 3-19 所示。

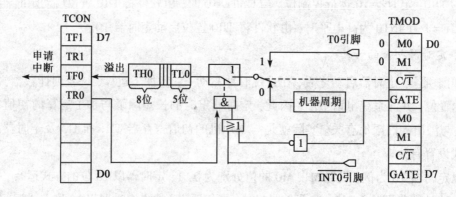

图 3-19 定时器工作方式 0 在单片机内部电路图

从图 3-19 中可以总结出以下三点。

（1）当 GATE=0 时，如果 TR=1，则定时器开始计数；当 GATE=1 且 TR=1 时，需要 INTI 同时为高电平，定时器才开始计数。

（2）C/$\overline{T}$ 实际上是一个多路选择开关，当 C/$\overline{T}$=0 时，开关连接到系统时钟，使用系统时钟计数；当 C/$\overline{T}$=1 时，开关连接到外部脉冲输入引脚 T1，工作在计数方式。

（3）TH× 的 8 位和 TL× 的低 5 位组成 13 位寄存器，它的合法计数范围是 $0 \sim 2^{13}-1$，即 $0 \sim 8191$。中断 1 次最大定时时间为 8.192 ms。计算定时器初值的方法如下：

① $TH× = (2^{13}-N)/2^5 = (8192-N)/32$；

② $TL× = (2^{13}-N)\%2 = (8192-N)\%32$；

③ $N = t/(12/F_{OSC})$。

2.工作方式 1

当设置 M1，M0 的值分别为 0，1 时，定时器工作在方式 1。

在工作方式 1 下，定时器作为 16 位定时器使用，由 TL× 的 8 位和 TH× 的 8 位所构成。当 TL× 溢出时向 TH× 进位，TH× 计数溢出则置位标志位 TF×，请求中断。定时器工作方式 1 在单片机内部电路图如图 3-20 所示。

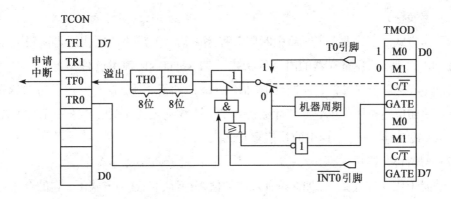

图 3-20 定时器工作方式 1 在单片机内部电路图

从图 3-20 中可以总结出以下三点。

(1) 当 GATE = 0 时，如果 TR = 1，则定时器开始计数；当 GATE = 1 且 TR = 1 时，需要 INTI 同时为高电平，定时器才开始计数。

(2) 当 C/$\overline{\text{T}}$ = 0 时，开关连接到系统时钟，使用系统时钟计数：当 C/$\overline{\text{T}}$ = 1 时，开关连接到外部脉冲输入引脚 T1，工作在计数方式。

(3) TH× 的 8 位和 TL× 的 8 位组成 16 位寄存器，它的合法计数范围是 $0 \sim 2^{16} - 1$，即 $0 \sim 65535$。中断 1 次最大定时时间为 65.536 ms。计算定时器初值的方法如下：

① TH× = $(2^{16} - N) / 2^8 = (65536 - N) / 256$；

② TL× = $(2^{16} - N) \% 2^8 = (65536 - N) \% 256$；

③ $N = t / (12 / F_{\text{OSC}})$。

3.工作方式 2

当设置 M1，M0 的值分别为 1，0 时，定时器工作在方式 2。定时器工作方式 2 为自动重装模式，其在单片机内部电路图如图 3-21 所示。

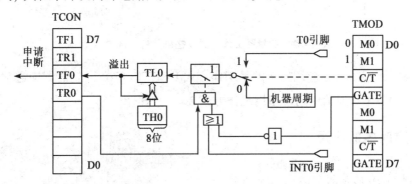

图 3-21 定时器工作方式 2 在单片机内部电路图

从图 3-21 中可以看出，定时器在工作方式 2 下的控制方式与工作方式 0 和工作方式 1 的完全相同，它们的区别在于初值寄存器的位数和初值装转的方式不同。

（1）重装模式。

在工作方式 2 下，进入定时器中断服务程序之后，不需要使用代码再次设置定时器的初值，由系统将 TH× 寄存器的内容重新装入 TL×。TH× 的值由软件预置，装时 TH× 的值不变，所以在工作方式 2 下，TH× 的初值和 TL× 的初值相等。这种方式下的 TH× 只起到为 TL× 重装初值的作用，并不参与计数，当 TL× 计数到全为 1 时，再来一个脉冲就会溢出，使 TF× 置 0，同时将 TH× 中的初值重新装入 TL×。

（2）初值寄存器位数。

定时器工作在方式 2 下，TL× 为有效的初值寄存器，在这种方式下，它的合法计数范围是 $0 \sim 2^8-1$，即 $0 \sim 255$。中断 1 次最大定时时间为 0.256 ms。计算定时器初值方法如下：

① $TH\times = TL\times = 2^8 - N$；

② $N = t/(12/F_{OSC})$。

4.工作方式 3

当设置 M1，M0 的值分别为 1，1 时，定时器工作在方式 3。这种工作方式只适用于定时器 T0，定时器 T1 处于工作方式 3 时，相当于 TR1＝0，即停止工作。工作方式 3 将 T0 分成为 2 个独立的 8 位计数器 TL0 和 TH0，其在单片机内部电路图如图 3-22 所示。

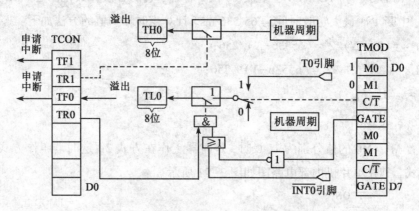

图 3-22　定时器工作方式 3 在单片机内部电路图

这 4 种工作方式中，应用较多的是工作方式 1 和工作方式 2。定时器中通常使用定时器工作方式 1，串口通信中通常使用工作方式 2。

四、定时器的应用

1.定时器 T0 的应用

（1）任务要求。

利用定时器 T0，在工作方式 1 下，实现 LED 小灯亮 1 s、灭 1 s，再亮 1 s、灭 1 s，如此循环。

(2)C语言程序设计。

```
#include" reg52.h"          //此文件中定义了单片机的一些特殊功能寄存器
typedef unsigned int u16;    //对数据类型进行声明定义
typedef unsigned char u8;
sbit led = P2^0;            //定义P20口是led
/* * * * * * * * * * * * * * * * * * * * * * * * * * * * * * * * * * * * *
 * 函数名：Timer0Init
 * 函数功能：定时器0初始化
 * 输入：无
 * 输出：无
 * * * * * * * * * * * * * * * * * * * * * * * * * * * * * * * * * * * * */
void Timer0Init( )
{
    TMOD|=0X01;             //选择为定时器T0模式,工作方式1,用TR0打开启动
    TH0=0XFC;              //给定时器赋初值,定时1 ms
    TL0=0X18;
    ET0=1;                //打开定时器T0中断允许
    EA=1;                 //打开总中断
    TR0=1;                //打开定时器
}
/* * * * * * * * * * * * * * * * * * * * * * * * * * * * * * * * * * * * *
 * 函数名：main
 * 函数功能：主函数
 * 输入：无
 * 输出：无
 * * * * * * * * * * * * * * * * * * * * * * * * * * * * * * * * * * * * */
void main( )
{
    Timer0Init( );         //定时器T0初始化
    while(1);             //等待定时器中断申请
}
/* * * * * * * * * * * * * * * * * * * * * * * * * * * * * * * * * * * * *
 * 函数名：void Timer0( ) interrupt 1
 * 函数功能：定时器T0中断函数
```

```
*  输入: 无
*  输出: 无
*  ************************************************/
void Timer0( ) interrupt 1
{
    static u16 i;              //静态局部变量, i 只在本函数内有效
    TH0 = 0XFC;                //中断后 TH0, TL0 将溢出归 0, 所以每次中断结束都要给
                               定时器重新赋初值, 定时 1 ms
    TL0 = 0X18;
    i++;
    if(i = = 1000)             //i = 1000 时表示执行了 1000 次中断, 因为 1 ms 中断 1 次,
                               所以 1000 次就是 1 s
    {
        i = 0;
        led = ~led;            //LED 状态取反
    }
}
```

2.定时器 T1 的应用

(1)任务要求。

利用定时器 T1, 在工作方式 2 下, 共阳极单位数码管静态循环显示实现 0~F, 每隔 1 s 显示 1 次。

(2)C 语言程序设计。

```
#include" reg52.h"           //此文件中定义了单片机的一些特殊功能寄存器
typedef unsigned int u16;    //对数据类型进行声明定义
typedef unsigned char u8;
u8 code smgduan[17] = {0x3f, 0x06, 0x5b, 0x4f, 0x66, 0x6d, 0x7d, 0x07,
0x7f, 0x6f, 0x77, 0x7c, 0x39, 0x5e, 0x79, 0x71};
                             //共阴极数码管编码, 显示 0~F 的值
u8 n = 0;
/* ***********************************************
*  函数名: Timer1Init
*  函数功能: 定时器 T1 初始化
*  输入: 无
```

* 输出：无

* */

```
void Timer1Init()
{
    TMOD|=0X20;              //选择为定时器 T1 模式，工作方式 2，仅用 TR1 打开
                            启动
    TH1=0X9C;               //给定时器赋初值，定时 0.1 ms
    TL1=0X9C;
    ET1=1;                  //打开定时器 T1 中断允许
    EA=1;                   //打开总中断
    TR1=1;                  //打开定时器
}
```

/* *

* 函数名：main

* 函数功能：主函数

* 输入：无

* 输出：无

* */

```
void main()
{
    Timer1Init();           //定时器 T1 初始化
    while(1);
}
```

/* *

* 函数名：void Timer1() interrupt 3

* 函数功能：定时器 T0 中断函数

* 输入：无

* 输出：无

* */

```
void Timer1() interrupt 3
{
    static u16 i;
    i++;
    if(i==10000)            //0.1 s 中断 1 次，中断 10000 次即定时 1 s
```

```
{
    i=0;                    //每中断 10000 次, 中断次数都要清零, 从头计时
    P0=smgduan[n];          //段选编码送入 P0 口
    n++;
    if(n==16)n=0;           //清零, 循环显示 0~F
}
}
```

任务四　智能交通灯设计

【知识目标】

❖ 说明按键、数码管在交通灯中的应用;

❖ 说明定时器在交通灯中的应用;

❖ 说明定时器中断在实际项目中的应用。

【能力目标】

能将按键、数码管、定时器、中断综合应用在交通灯项目中, 解决实际工程问题。

【任务描述】

本任务模拟基本的交通控制系统, 用红灯、绿灯、黄灯分别表示禁行、通行、警示的信号发生, 还能用数码管进行倒计时显示。其基本要求如下。

① 设置东、西、南、北四个路口, 每个路口各有 1 盏红灯(禁行)、黄灯(警告)、绿灯(通行), 即 3 盏 LED 灯, 共 12 盏 LED 灯; 且每个方向每次只能亮 1 种颜色灯。

② 6 个按键可以控制所有车辆禁行、夜间模式、复位、东西通行、南北通行、设置时间加、设置时间减、设置东西和南北方向时间切换等功能。分别设 K1 为设置时间加、K2 为设置时间减、K3 为复位、K4 为设置东西和南北方向时间切换键、K5 为所有车辆禁行键、K6 为夜间模式。按下 K1 键, 东西和南北倒计时时间加 1; 按下 K2 键, 东西和南北倒计时时间减 1; 按下 K3 键, 全部状态复位, 恢复初始状态; 按下 K4 键, 切换东西和南北方向时间设置; 按下 K5 键, 所有方向均为红灯, 所有数码管显示"00"; 按下 K6 键, 夜间模式下, 所有方向灯全灭, 所有数码管显示"00"。

③ 4 个二位共阴极数码管, 东、西、南、北各一个显示倒计时时间。

④ 初始时, 东西方向通行(绿灯亮), 南北方向禁行(红灯亮)。东西方向倒计时时间设为 20 s, 南北方向倒计时时间设为 30 s。初始数码管显示"– – – –"。

一、智能交通灯控制系统通行方案设计

在十字路口,分为东西向和南北向,在任一时刻,只有一个方向通行,另一方向禁行,持续一定时间,经过短暂的过渡时间,将通行、禁行方向对换。交通状态示意图如图3-23所示(说明:黑色表示亮,白色表示灭)。交通状态从状态1开始变换,直至状态4,然后循环至状态1,周而复始。

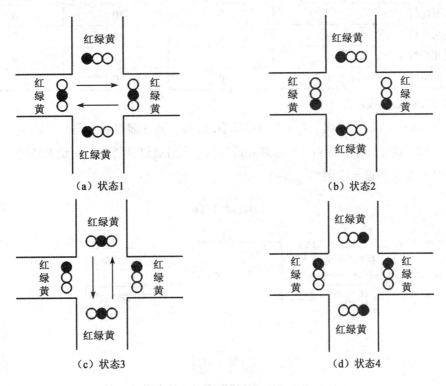

图 3-23 交通状态示意图

通过具体的路口交通灯,将这4个状态归纳如下。

① 东西方向绿灯亮,南北方向红灯亮,此时东西方向数码管显示倒计时 20 s,南北方向数码管显示倒计时 25 s。在此状态下,东西方向通行,南北方向禁止通行。

② 东西方向黄灯亮,南北方向红灯亮,此时东西方向数码管显示倒计时到 0 后,立刻软件置为 5 s,使数码管立刻显示"5",同时南北方向数码管显示倒计时 5 s。

③ 南北方向绿灯亮,东西方向红灯亮,此时南北方向数码管显示倒计时 30 s,东西方向数码管显示倒计时 35 s。在此状态下,南北方向通行,东西方向禁止通行。

④ 南北方向黄灯亮,东西方向绿灯亮,此时南北方向数码管显示倒计时到 0 后,立刻软件置为 5 s,使数码管立刻显示"5",同时东西方向数码管显示倒计时 5 s。

下面可以用表 3-16 表示交通状态和灯状态的关系。

表 3-16　交通状态和灯状态的关系

	状态 1	状态 2	状态 3	状态 4
东西向	通行	等待变换	禁行	等待变换
南北向	禁行	等待变换	通行	等待变换
东西红灯	0	0	1	1
东西黄灯	0	1	0	0
东西绿灯	1	0	0	0
南北红灯	1	1	0	0
南北绿灯	0	0	1	0
南北黄灯	0	0	0	1

注：0 表示灭，1 表示亮。

表 3-16 中，东、西、南、北 4 个路口均有红、绿、黄 3 盏灯和数码显示管 4 个，在任意一个路口，遇红灯禁止通行，转绿灯允许通行，之后黄灯亮警告行止状态将变换。

控制系统整体设计框图如图 3-24 所示。

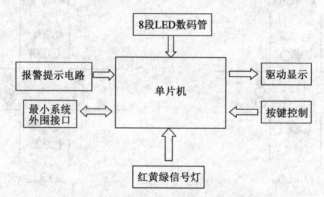

图 3-24　控制系统整体设计框图

二、电路原理图

整个控制电路由 STC89C52 单片机最小系统硬件电路、显示驱动电路、LED 信号灯电路、共阴极数码管显示电路、按键控制电路、电源控制电路 6 个电路模块组成。交通灯电路原理图如图 3-25 所示。

图 3-25 中，LEDA，LEDB 为南北倒计时数码管显示电路（南北倒计时显示始终相同），D7，D8，D9，D10，D11，D12 为南北信号指示灯（南北信号灯显示始终相同）；LEDC，LEDD 为东西倒计时数码管电路（东西倒计时显示始终相同），D1，D2，D3，D4，D5，D6 为东西指示灯（东西信号灯显示始终相同）。P0 口外接上拉电阻驱动共阴极数码管 8 位段选电路，P2 口外接上拉电阻驱动 LED 信号灯，P1 口片选数码管，P3 口外接按键控制电路，按键公共端共地，P1.5 口接夜间模式按键。

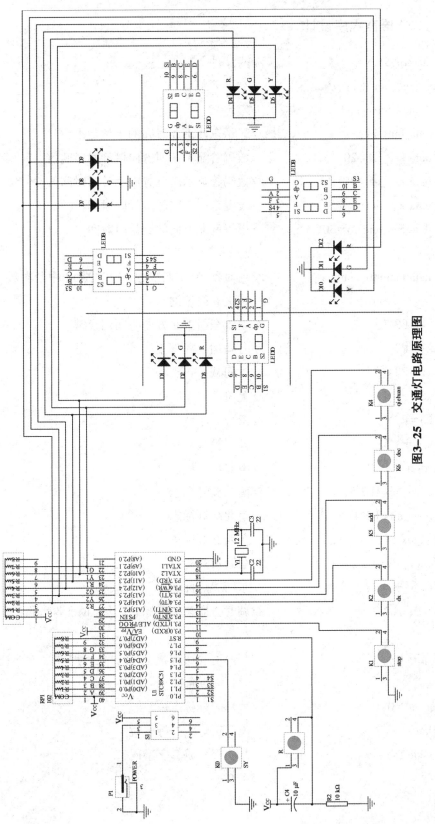

图3-25 交通灯电路原理图

三、C 语言程序设计

```
#include <reg51.h>              //头文件
#define uchar unsigned char
#define uint   unsigned int     //宏定义
uchar data buf[4];              //显示东西南北时间的十位与个位
uchar data sec_dx=20;           //数码管显示东西方向倒计时时间值
uchar data sec_nb=30;           //数码管显示南北方向倒计时时间值
uchar data set_timedx=20;       //设置东西方向的倒计时时间
uchar data set_timenb=30;       //设置南北方向的倒计时时间
int n;
uchar data countt0,countt1;     //定时器 T0 中断次数,定时器 T1 中断次数
                                //定义 6 组按键
sbit   k4=P3^7;                 //设置东西南北方向时间切换键
sbit   k1=P3^5;                 //时间加
sbit   k2=P3^6;                 //时间减
sbit   k3=P3^4;                 //复位
sbit   k5=P3^1;                 //禁止
sbit   k6=P1^5;                 //夜间模式
sbit Red_nb=P2^6;               //南北红灯标志
sbit Yellow_nb=P2^5;            //南北黄灯标志
sbit Green_nb=P2^4;             //南北绿灯标志
sbit Red_dx=P2^3;               //东西红灯标志
sbit Yellow_dx=P2^2;            //东西黄灯标志
sbit Green_dx=P2^1;             //东西绿灯标志
bit set=0;                      //调时方向切换键标志:为 1 时,调南北;为 0 时,调
                                  东西
bit dx_nb=0;                    //东西南北通行状态控制位:为 1 时,南北通行;为 0
                                  时,东西通行
bit shansuo=0;                  //黄灯闪烁标志位
bit yejian=0;                   //夜间黄灯闪烁标志位
uchar code table[11]={          //共阴极数码管字型码
  0x3f,                         //--0
  0x06,                         //--1
```

```
  0x5b,                         //--2
  0x4f,                         //--3
  0x66,                         //--4
  0x6d,                         //--5
  0x7d,                         //--6
  0x07,                         //--7
  0x7f,                         //--8
  0x6f,                         //--9
  0x00,                         //--NULL
};
//函数的声明部分
void delay(int ms);             //延时子程序
void key();                     //按键扫描子程序
void display();                 //显示子程序
void logo();                    //开机LOGO
//主程序
void main()
{
  TMOD=0X11;                    //设置定时器T0,T1
  TH1=0X3C;                     //夜间定时器T1初值0.05 s
  TL1=0Xb0;
  TH0=0X3C;                     //白天时器T0置初值0.05 s
  TL0=0Xb0;
  EA=1;                         //开总中断
  ET0=1;                        //定时器T0中断开启
  ET1=1;                        //定时器T1中断开启
  TR0=1;                        //启动定时器T0
  TR1=0;                        //关闭定时器T1
  logo();                       //开机初始化
  P2=0X82;                      //开始初始状态,东西绿灯亮,南北红灯亮;
  sec_nb=sec_dx+5;              //初始状态下,南北显示时间比东西显示时间多5 s
  set_timenb=set_timedx+5;      //初始状态下,南北设置显示时间比东西设置显示时
                                //  间多5 s
  while(1)                      //主循环
```

```
    {
        key();                    //调用按键扫描程序
        display();                //调用显示程序
    }
}

                              //函数的定义部分
void key(void)                //按键扫描子程序
{
    if(k4! =1)                //当 K4(切换)键按下
    {
    display();                //调用显示,用于延时消抖
    if(k4! =1)                //如果确定按下
        {
        TR0 = 0;              //关闭定时器 T0
        set = ! set;          //取反 set 标志位,以切换调节方向
        TR1 = 0;              //关闭定时器 T1
        dx_nb = set;          //东西南北切换标志,东西通行状态为 0,南北通行
                                状态为 1
        do
        {
            display();        //调用显示,用于延时
        }
        while(k4! =1);        //等待按键释放
        }
    }
    if(k1! =1)                //当 K1(时间加)按下时
    {
    display();                //调用显示,用于延时消抖
    if(k1! =1)                //如果确定按下
        {
        TR0 = 0;              //关闭定时器 T0
        shansuo = 0;          //闪烁标志位关
        P2 = 0X00;            //东西南北灯全灭
        TR1 = 0;              //关闭定时器 T1
```

```
if(set==0)                    //切换方向键为调东西状态
    set_timedx++;             //设置东西时间加 1 s
else
    set_timenb++;             //设置南北时间加 1 s
if(set_timenb==100)          //加到 100 将南北时间置 1
    set_timenb=1;
if(set_timedx==100)          //加到 100 将东西时间置 1
    set_timedx=1;             //加到 100 将东西时间置 1
sec_nb=set_timenb;           //设置的数值赋给南北
sec_dx=set_timedx;           //设置的数值赋给东西
    do
    {
    display();               //调用显示,用于延时
    }
    while(k1!=1);            //等待按键释放
    }
}
if(k2!=1)                     //当 K2(时间减)按键按下时
{
    display();               //调用显示,用于延时消抖
    if(k2!=1)                //如果确定按下
    {
    TR0=0;                   //关闭定时器 T0
    shansuo=0;               //闪烁标志位关
    P2=0X00;                 //东西南北灯全灭
    TR1=0;                   //关闭定时器 T1
    if(set==0)               //调时方向键按下,调东西
        set_timedx--;        //设置东西时间减 1 s
    else                     //否则 set=1 时,调南北
        set_timenb--;        //设置南北时间减 1 s
    if(set_timenb==0)        //南北时间减到 0,重置为 99
        set_timenb=99;
    if(set_timedx==0)        //东西时间减到 0,重置为 99
        set_timedx=99;
```

```
        sec_nb = set_timenb;         //设置的数值赋给东西南北
        sec_dx = set_timedx;
        do
        {
          display( );                //调用显示,用于延时
        }
        while(k2! = 1);              //等待按键释放
    }
}
if(k3! = 1)                          //当 K3(复位)键按下时
{
  display( );                        //调用显示,用于延时消抖
  if(k3! = 1)                        //如果确定按下
  {
    TR0 = 1;                         //启动定时器 T0
    sec_nb = set_timenb;             //复位,仍显示设置过的数值
    sec_dx = set_timedx;             //显示设置过的时间
    TR1 = 0;                         //关闭定时器 T1
    if( set = = 0)                   //切换方向为东西方向,东西为通行状态
    {
      P2 = 0X00;                     //东西南北灯全灭
      Green_dx = 1;                  //东西绿灯亮
      Red_nb = 1;                    //南北红灯亮
      sec_nb = sec_dx+5;             //赋初值,南北显示时间比东西显示时间多 5 s
    }
    else                             //切换方向为南北方向,南北为通行状态
    {
    P2 = 0X00;                       //东西南北灯全灭
      Green_nb = 1;                  //南北绿灯亮
      Red_dx = 1;                    //东西红灯亮
      sec_dx = sec_nb+5;             //赋初值,东西显示时间比南北显示时间多 5 s
    }
  }
}
```

```c
if(k5! = 1)                    //当 K5(禁止)键按下时
{
  display();                   //调用显示,用于延时消抖
  if(k5! = 1)                  //如果确定按下
  {
    TR0 = 0;                   //关闭定时器 T0
    P2 = 0X00;                 //东西南北全灭
    Red_dx = 1;
    Red_nb = 1;                //东西南北全部置红灯
    TR1 = 0;                   //关闭定时器 T1
    sec_dx = 00;               //四个方向的显示时间都为"00"
    sec_nb = 00;
    do
    {
      display();               //调用显示,用于延时
    }
    while(k5! = 1);            //等待按键释放
  }
}
if(k6! = 1)                    //当 K6(夜间模式)按下
{
  display();                   //调用显示,用于延时消抖
  if(k6! = 1)                  //如果确定按下
  {
    TR0 = 0;                   //关闭定时器 T0
    P2 = 0X00;                 //所有灯全灭
    TR1 = 1;                   //开启夜间定时器 T1
    sec_dx = 00;               //东西南北四个方向的显示时间都为"00"
    sec_nb = 00;
    do
    {
    display();                 //调用显示,用于延时
    }
    while(k6! = 1);            //等待按键释放
```

```c
        }
    }
}
void display(void)              //数码管动态显示子程序
{
    buf[1]=sec_nb/10;           //第1位数码管(东西秒十位)
    buf[2]=sec_nb%10;           //第2位数码管(东西秒个位)
    buf[3]=sec_dx/10;           //第3位数码管(南北秒十位)
    buf[0]=sec_dx%10;           //第4位数码管(南北秒个位)
    P1=0xff;                    //初始关闭所有数码管位(全不选)
    P0=0x00;                    //初始关闭所有数码管段(全不选)
    P1=0xfe;                    //片选第1位数码管
    P0=table[buf[1]];           //送东西时间十位的数码管编码
    delay(1);                   //延时
    P1=0xff;                    //关闭所有数码管位(全不选)
    P0=0x00;                    //关闭所有数码管段(全不选)
    P1=0xfd;                    //片选第2位数码管
    P0=table[buf[2]];           //送东西时间个位的数码管编码
    delay(1);                   //延时
    P1=0xff;                    //关闭所有数码管位(全不选)
    P0=0x00;                    //关闭所有数码管段(全不选)
    P1=0xfb;                    //片选第3位数码管
    P0=table[buf[3]];           //送南北时间十位的数码管编码
    delay(1);                   //延时
    P1=0xff;                    //关闭所有数码管位(全不选)
    P0=0x00;                    //关闭所有数码管段(全不选)
    P1=0xf7;                    //片选第4位数码管
    P0=table[buf[0]];           //送南北时间个位的数码管编码
    delay(1);                   //延时
}
void time0(void) interrupt 1 using 1//定时中断子程序
{
    TH0=0X3C;                   //重赋初值
    TL0=0Xb0;                   //12 MHz晶振50 ms,重赋初值
```

```
TR0 = 1;                          //重新启动定时器
countt0++;                        //软件计数加 1
if( countt0 = = 20)               //定时器中断次数为 20( 即 1 s)时,每到 1 s 单片机检
                                     测一次
{   countt0 = 0;                  //清零计数器
  sec_dx--;                       //东西时间减 1,用于倒计时
  sec_nb--;                       //南北时间减 1,用于倒计时
if( sec_nb = = 5&&sec_dx = = 0)   //此时南北时间显示为 5,东西时间显示为 0
    sec_dx = 5;                   //东西重置 5 s,东西准备黄灯亮
    shansuo = 1;                  //黄灯闪烁标志置位
}
if( ( sec_nb<=5) &&( dx_nb = = 0) &&( shansuo = = 1) )
                                  //此时南北不通,东西通行,倒计时 5 s,东西红灯准
                                     备亮起,东西黄灯开始闪烁
  {
  Red_dx = 0;                     //熄灭东西红灯
  Green_dx = 0;                   //熄灭东西绿灯
  Yellow_dx = 1;                  //点亮东西黄灯
  }
if( dx_nb = = 0&&sec_nb = = 0)    //当东西黄灯闪烁时间倒计时到 0 时,状态为东西
                                     通行
  {
    P2 = 0X00;                    //重置东西南北方向的红绿灯
    Green_nb = 1;                 //南北绿灯亮
    Red_dx = 1;                   //东西红灯亮
    dx_nb = ! dx_nb;             //置位,南北通行
    shansuo = 0;                  //黄灯闪烁复位
    sec_nb = set_timenb;          //重赋南北方向的初值
    sec_dx = set_timenb+5;        //重赋东西方向的初值,东西显示时间比南北显示时
                                     间多 5 s
  }
if( sec_nb = = 0&&sec_dx = = 5)   //此时南北时间显示为 0,东西时间显示为 5
{   sec_nb = 5;                   //南北重置 5 s,准备黄灯闪烁
  shansuo = 1;                    //黄灯闪烁标志置位
```

```
      }
    if((sec_dx<=5)&&(dx_nb==1)&&(shansuo==1))
                               //此时东西不通,南北通行,倒计时5 s,南北红灯准
                                 备亮起,南北黄灯开始闪烁
      {
        Red_nb=0;               //熄灭南北红灯
        Green_nb=0;             //熄灭南北绿灯
        Yellow_nb=1;            //点亮南北黄灯
      }
    if(dx_nb==1&&sec_dx==0)   //当南北黄灯闪烁时间到,状态为南北通行
      {
        P2=0X00;               //重置东西南北的红绿灯状态
        Green_dx=1;            //东西绿灯亮
        Red_nb=1;              //南北红灯亮
        dx_nb=!dx_nb;          //方向状态取反
        shansuo=0;             //闪烁标志复位
        sec_dx=set_timedx;     //重赋东西方向的初值
        sec_nb=set_timedx+5;   //重赋南北方向的初值,南北显示时间比东西显示时
                                 间多5 s
      }
  }
void time1(void) interrupt 3   //夜间模式定时中断子程序
{
  TH1=0X3C;                    //定时器T1重赋初值
  TL1=0Xb0;                    //12 MHz晶振0.05 s
  countt1++;                   //软件计数加1
  if(countt1==10)              //定时器中断10次(即0.5 s)时
  {
      Yellow_nb=0;             //南北黄灯灭
      Yellow_dx=0;             //东西黄灯灭
  }
  if(countt1==20)              //定时器中断次数为20(即1 s)时
  {   countt1=0;               //清零计数器
      Yellow_nb=1;             //南北黄灯亮
```

```
        Yellow_dx=1;                    //东西黄灯亮
    }
}

void logo( )                            //开机标志"————"
{
    for(n=0; n<50; n++)                 //数码管循环动态显示"————"50 次
    {
        P0=0X40;                        //向数码管送形"-"
        P1=0XFE;                        //选中第一位数码管显示
        delay(1);                       //延时 1 ms
        P1=0Xfd;                        //选中第二位数码管显示
        delay(1);                       //延时 1 ms
        P1=0Xfb;                        //选中第三位数码管显示
        delay(1);                       //延时 1 ms
        P1=0Xf7;                        //选中第 4 位数码管显示
        delay(1);                       //延时 1 ms
        P1=0Xff;                        //数码管全灭
    }
}

void delay(int ms)                      //延时子程序,大约 1 ms 的延时
{
    uint j, k;
    for(j=0; j<ms; j++)                 //延时 1 ms
      for(k=0; k<124; k++);
}
```

【任务评估】

(1)试分析静态显示和动态显示电路的优缺点。

(2)利用定时器/计数器 T0 从 P1.0 输出周期为 1 s 的方波,让 LED 以 1 Hz 闪烁,设晶振频率为 12 MHz。

(3)利用定时器/计数器 T1 产生定时时钟,由 P1 口控制 8 个 LED,使 8 盏指示灯依次闪动,闪动频率为 10 次/秒(8 盏灯依次亮一遍为一个周期),循环往复。

(4)利用动态扫描方法在六位数码管上稳定显示出"6,5,4,3,2,1"。

(5)利用计数器 T0 的工作方式 1,实现一根导线一端连接 GND 引脚,另一端接触 T0

（P3.4）引脚，每接触一下，计数器计一次数，将所计的数值实时显示在数码管的前两位，计满100时清零，再从头计起。

（6）编写程序，完成键盘与4位LED数码管的动态显示：上电初始状态为"– – – –"，延时一段时间后熄灭；当键盘输入相应的数字或字符时，在数码管上显示出来，当数字或字符超过4位时，LED数码管从右到左循环显示。

（7）数码管前3位显示一个秒表，000～999以1%秒速度运行，当按下第一个独立键盘时秒表停止，按下第二个独立按键时计时开始，按下第三个独立按键时计数值清零，从头开始。

项目四

简易计算器

任务一　矩阵键盘的应用原理

【知识目标】

❖ 识别独立键盘与矩阵键盘用法上的区别；
❖ 解释矩阵键盘的应用原理。

【能力目标】

❖ 会使用单片机 I/O 口读取矩阵键盘的键值；
❖ 会将矩阵键盘与单片机 I/O 口正确接线。

【任务描述】

按照顺序按下矩阵键盘后，在 1 个数码管上依次静态显示键值 0~F，数码管段选由 74HC245 芯片驱动。

一、4×4 矩阵键盘的检测原理

众所周知，当独立键盘与单片机连接时，每一个按键都需要连接到单片机的一个I/O口，但若单片机系统需要较多按键时，如果用独立按键，就会占用过多的I/O口资源。比如，系统中若需要 12 个按键，就要连接单片机的 12 个 I/O 口，而单片机系统中I/O口资源往往比较宝贵。当用到多个按键时，需引入矩阵键盘，以减少 I/O 口引脚的使用。

下面以 4×4 矩阵键盘为例，讲解其工作原理和检测方法。通常，市面上的 4×4 矩阵键盘是集成模块，其内部共有 4 行乘以 4 列共 16 个独立按键。这 16 个按键按照一定的方式连接而成，其电路图如图 4-1 所示。从图中可以看出，每一列将每个按键的一端连接在一起构成列选端，每一行将每个按键的另一端连接在一起构成行选端。这样 4×4 矩阵键盘有 4 根列选线（P1.0～P1.3）和 4 根行选线（P1.4～P1.7），一共 8 根线。这 8 根线连接到单片机的 8 个 I/O 口上，使用时，通过程序扫描键盘的行和列，就可检测确定出 16 个按键，并且只占用单片机的 8 个 I/O 口，节省了一半的 I/O 口资源。按照这种方式，也可以实现 5 行乘以 5 列共 25 个键、6 行乘以 6 列共 36 个键，甚至更多键。

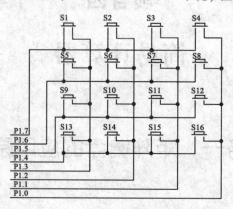

图 4-1　4×4 矩阵键盘电路图

如前所述，当单片机检测独立按键是否被按下时，通常将独立按键的一端固定为低电平，当按键按下时，与该键对应的 I/O 口便为低电平，此时便认为该按键被按下。对矩阵按键而言，单片机检测其是否被按下的依据和检测独立按键的依据是相同的。要想确定矩阵键盘上的哪个按键被按下，其检测方法有多种，最常用的是行列扫描法。

行列扫描法的原理如下：将矩阵键盘的两端都与单片机的 I/O 口相连，矩阵键盘行选端接 4 个 I/O 口，列选端接 4 个 I/O 口；先将矩阵键盘所有列选端 I/O 口送高电平 1，其余行选端送低电平 0，让单片机扫描每一列的 I/O 口状态；当某一列按键被按下后，所对应的列 I/O 口状态应为低电平 0，那么这一列便为被按下按键的列选号。如图 4-2 所示，P1.0～P1.3 为列选端，P1.4～P1.7 为行选端，先将列选端 P1.3，P1.2，P1.1，P1.0 全部置 1，其余行选端全部置 0，若按键 S6 被按下，对应的列 P1.2 口状态为 0，这说明第 2 列的某个按键被按下，列号为 2。然后如图 4-3 所示，将矩阵键盘所有行选端 I/O 口送高电平 1，列选端 I/O 口送低电平 0，让单片机依次轮流检测各行选端是否有低电平 0，如果某一行有低电平，就确定了被按下键的行选号，若按键 S6 被按下，则 P1.6 为 0，这说明第 2 行的某个按键被按下，行号为 2。这样综合列和行两次检测结果，便可以确定被按下的按键为第 2 行第 2 列的 S6 按键了。当然，矩阵按键也要进行消抖和松手检测。

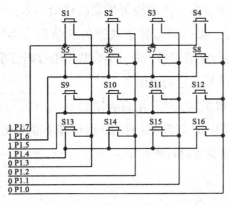

图 4-2 矩阵键盘列号检测

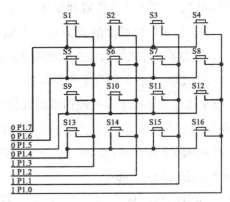

图 4-3 矩阵键盘行号检测

二、硬件电路设计

矩阵键盘的硬件电路由 STC89C52 单片机最小系统硬件电路、矩阵键盘电路、74HC245 驱动电路、共阳极数码管电路，共 4 个电路模块组成。

三、C 语言程序设计

矩阵键盘显示键值的原理并不复杂，具体算法如下。

矩阵键盘各个键值编号如表 4-1 所列，显示的矩阵键盘各个键值如表 4-2 所列。

表 4-1 各个键值编号

0	1	2	3
4	5	6	7
8	9	10	11
12	13	14	15

表 4-2 显示的矩阵键盘各个键值

0	1	2	3
4	5	6	7
8	9	A	B
C	D	E	F

例如，5 号键对应显示 5，10 号键对应显示 A，等等。这样首先确立出键号与键值的对应关系。通过表 4-1 不难看出，相邻两行的键编号之间相差 4，这说明一旦确定了被按下按键的行编号，就可以通过逐行增加 4 的倍数来确定各行键值编号了。例如，若被按下按键第 0 行确定后，如果单片机检测到第 2 行为低电平，那么该被按下按键的键值编

号为"0+4";如果单片机检测到第 3 行为低电平，那么该被按下按键的键值编号为"0+8";同理，如果单片机检测到第 4 行为低电平，那么该被按下按键的键值编号为"0+12";以此类推，可确定其他 3 列被确认后的各行键值编号，最后结合共阳极数码管字符显示数组，就可以在数码管上显示出各个键值编号对应的键值了。

整个程序主要由矩阵按键扫描函数和主函数组成，其 C 语言程序如下。

```c
#include" reg52.h"              //此文件中定义了单片机的一些特殊功能寄存器
typedef unsigned int u16;       //对数据类型进行声明定义
typedef unsigned char u8;
#define GPIO_DIG P0             //数码管段选
#define GPIO_KEY P1             //矩阵键盘行列选择端口


u8 KeyValue;                    //用来存放读取到的键值


u8 code smgduan[17] = {0xc0, 0xf9, 0xa4, 0xb0, 0x99, 0x92, 0x82, 0xf8,
0x80, 0x90, 0x88, 0x83, 0xc6, 0xa1, 0x86, 0x8e};
                               //显示 0~F 的值
/* * * * * * * * * * * * * * * * * * * * * * * * * * * * * * * * * * * * *
 * 函数名：delay
 * 函数功能：延时函数, i=1 时，大约延时 10 μs
 * * * * * * * * * * * * * * * * * * * * * * * * * * * * * * * * * * * * */
void delay(u16 i)
{
    while(i--);
}
/* * * * * * * * * * * * * * * * * * * * * * * * * * * * * * * * * * * * *
 * 函数名：KeyDown(void)
 * 函数功能：检测有按键按下并读取键值
 * 输入：无
 * 输出：无
 * * * * * * * * * * * * * * * * * * * * * * * * * * * * * * * * * * * * */
void KeyDown(void)              //按键检测函数
{
    char a = 0;                 //松手检测变量
    GPIO_KEY = 0x0f;            //低 4 位列选端置高，高 4 位行选端置低
```

```
    if( GPIO_KEY! = 0x0f)              //读取按键是否被按下
    {
        delay( 1000) ;                 //延时 10 ms 进行消抖
        if( GPIO_KEY! = 0x0f)          //再次检测键盘是否被按下
        {
            GPIO_KEY = 0x0f;           //列检测赋初值
            switch( GPIO_KEY )         //检测哪一列被按下, GPIO_KEY 与 case 括号中
                                       //的数值相等时, 执行程序, 执行结束后退出该
                                       //switch 选择程序, 继续执行下面指令

            {
            case(0x07): KeyValue = 0; break; //第 1 列被按下时, 键值编号赋 0
            case(0x0b): KeyValue = 1; break; //第 2 列被按下时, 键值编号赋 1
            case(0x0d): KeyValue = 2; break; //第 3 列被按下时, 键值编号赋 2
            case(0x0e): KeyValue = 3; break; //第 4 列被按下时, 键值编号赋 3
            }
            GPIO_KEY = 0xf0;           //行检测赋初值
            switch( GPIO_KEY )         //检测哪一行被按下, GPIO_KEY 与 case 括号中
                                       //的数值相等时, 执行程序, 执行结束后退出该
                                       //switch 选择程序, 继续执行下面指令

            {
            case(0x70): KeyValue = KeyValue; break;
                                       //第 1 行被按下时, 被确定的列键值编号加 0
            case(0xb0): KeyValue = KeyValue+4; break;
                                       //第 2 行被按下时, 被确定的列键值编号加 4
            case(0xd0): KeyValue = KeyValue+8; break;
                                       //第 3 行被按下时, 被确定的列键值编号加 8
            case(0xe0): KeyValue = KeyValue+12; break;
                                       //第 4 行被按下时, 被确定的列键值编号加 12
            }
        }
    }
    while((a<50)&&(GPIO_KEY! = 0xf0))  //按键松手检测, 若同时满足两个表达式, 则等
                                       //待延时, 否则退出

    delay( 100) ;
```

```
        a++;
        }
    }
/ * * * * * * * * * * * * * * * * * * * * * * * * * * * * * * * * * *
* 函数名：main
* 函数功能：主函数
* 输入：无
* 输出：无
* * * * * * * * * * * * * * * * * * * * * * * * * * * * * * * * * */
void main( )
{
    while( 1 )
    {
        KeyDown( );                        //按键判断函数
        GPIO_DIG = smgduan[ KeyValue ];    //显示
    }
}
```

任务二　1602 液晶显示单个字符

【知识目标】

❖ 熟记 1602 液晶各引脚功能；

❖ 清楚 1602 液晶写命令的方法；

❖ 清楚 1602 液晶写数据的方法；

❖ 说明 1602 液晶 8 线制接线与 4 线制接线的方法。

【能力目标】

❖ 能将 1602 液晶显示屏与单片机正确接线；

❖ 能看懂 1602 液晶的读写命令、数据时序图；

❖ 能够通过编程实现 1602 液晶对单个字符的显示。

【任务描述】

通过8线制接线法，在LCD1602液晶显示屏上显示"Xue Auto Control"。

一、1602液晶显示屏（LCD1602）

1.1602液晶简介

前面已经学习过几种显示装置，如数码管、8×8点阵、16×16点阵，使用它们可以很直观、方便地显示一些字符数据。但是它们也有各种局限性，如显示字符数据信息量少，硬件设计复杂，代码编写难度大，等等。本任务主要介绍一种非常简单且常用的显示装置——1602液晶显示屏（LCD1602），使用它可以显示更多的字符、数字信息。1602液晶显示屏（LCD1602）实物图如图4-4所示。

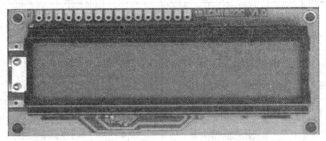

图4-4　1602液晶显示屏（LCD1602）实物图

1602液晶也叫1602字符型液晶，因为它能显示2行字符信息，每行又能显示16个字符，所以它是一种专门用来显示字母、数字、符号的16×2点阵型液晶模块。它由若干个5×7或5×10的点阵字符位组成，如图4-5所示。也就是说，每个点阵字符位都可以用于显示一个字符，每位之间有一个点距的间隔，每行之间也有间隔，起到了字符间距和行间距的作用，正因为这样的局限性，所以它不能很好地显示图形。1602液晶内部的控制器大部分是HD44780或兼容芯片，结合单片机控制器与之通信，可以方便地显示出字符数据。

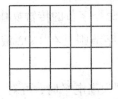

图4-5　5×7点阵

有时1602液晶显示屏的外观可能和图4-4所示不同，这是不同厂家设计所致，但使用方法是一样的。1602液晶主要技术参数如表4-3所列。

表 4-3   1602 液晶主要技术参数

显示容量	16×2 个字符
芯片工作电压	4.5~5.5 V
工作电流	2.0 mA
最佳工作电压	5.0 V
字符尺寸	2.95 mm×4.35 mm

1602 液晶有 16 个引脚孔，从左至右引脚编号顺序是 1~16，这 16 个引脚其功能定义如表 4-4 所列。

表 4-4   1602 液晶引脚功能定义

编号	符号	引脚说明	编号	符号	引脚说明
1	V_{SS}	电源地	9	D2	Data I/O
2	V_{DD}	电源正极	10	D3	Data I/O
3	VL	液晶显示偏压信号	11	D4	Data I/O
4	RS	数据/命令选择端(H/L)	12	D5	Data I/O
5	R/W	读/写选择端(H/L)	13	D6	Data I/O
6	E	使能信号	14	D7	Data I/O
7	D0	Data I/O	15	BLA	背光源正极
8	D1	Data I/O	16	BLK	背光源负极

1602 液晶各引脚详细说明如下。

① V_{SS}：电源地。

② V_{DD}：电源正极，一般为直流 3~5 V。

③ VL：液晶显示偏压信号，用于调整 1602 液晶的显示对比度，一般会外接电位器用以调整偏压信号，注意此脚电压为 0 时可以得到最强的对比度。

④ RS：数据/命令选择端。当此脚为高电平时，可以对 1602 液晶进行数据字节的传输操作；而为低电平时，则是进行命令字节的传输操作。命令字节是用来对 1602 液晶的一些工作方式作设置的字节；数据字节则是在 1602 液晶上显示的字节。值得一提的是，1602 液晶的数据是 8 位。

⑤ R/W：读写选择端。当此脚为高电平时，可对 1602 液晶进行读数据操作；反之，进行写数据操作。

⑥ E：使能信号，其实是 1602 液晶的数据控制时钟信号，利用该信号的上升沿实现对 1602 液晶的数据传输。

⑦ D0~D7：8 位并行数据口，而 51 单片机一组 I/O 口也是 8 位，使得对 1602 液晶

的数据读写大为方便。

⑧ BLA：1602 液晶背光源正极，接单片机电源正极。

⑨ BLK：1602 液晶背光源负极，接地。

2.LCD1602 的数据地址

LCD1602 内置了 3 种存储器 CGROM，DDRAM，CGRAM。其中，DDRAM 是用来显示数据，寄存待显示的字符代码，其内部共有 80 个字节地址，其地址与显示屏的对应关系如图 4-6 所示。

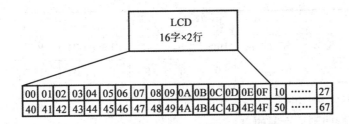

图 4-6　DDRAM 地址与显示屏的对应关系

从图 4-6 中可知，不是所有的地址都可以直接用来显示字符数据的，只有第 1 行中的 00~0F 和第 2 行中的 40~4F 能在液晶上显示出来，其他地址都不能直接显示出来，只能用于存储数据。显示字符时，要先输入显示字符地址，即告诉模块在哪里显示字符。例如，如果想要在 LCD1602 的第 2 行第 1 列显示一个字母"B"，就要按照一定的指令格式向 DDRAM 的 40H 地址写入字母"B"的 ASCII 码。因为第 2 行第 1 个字符的地址是 40H，那么是否直接写入 40H 就可以将光标定位在第 2 行第 1 个字符的位置呢？答案是不可以，因为写入显示地址时要求最高位(D7)恒定为高电平 1，所以实际写入的地址数据应该是：

$$01000000B(40H)+10000000B(80H)=11000000B(C0H)$$

也就是说，要想在 LCD1602 写入地址数据，必须在想要写入的地址上加 80H。通常，LCD1602 第 1 行用前 16 个地址即可，第 2 行也一样用前 16 个地址。

二、1602 液晶指令格式

1.清屏指令格式

清屏指令格式如表 4-5 所列。

表 4-5　清屏指令格式

指令功能	指令编码									执行时间/ms
	RS	R/W	DB7	DB6	DB5	DB4	DB3	DB2	DB1	DB0	
清屏	0	0	0	0	0	0	0	0	0	1	1.64

清屏指令功能如下：

① 清除液晶显示器，即将 DDRAM 的内容全部填入"空白"的 ASCII 码 20H；

② 光标归位，即将光标撤回液晶显示屏的左上方；

③ 将地址计数器（AC）的值设为 0。

2.光标归位指令格式

光标归位指令格式如表 4-6 所列。

表 4-6　光标归位指令格式

指令功能	指令编码										执行时间/ms
	RS	R/W	DB7	DB6	DB5	DB4	DB3	DB2	DB1	DB0	
清屏	0	0	0	0	0	0	0	0	1		1.64

光标归位指令功能如下：

① 把光标撤回到显示屏的左上方；

② 把地址计数器（AC）的值设置为 0；

③ 保持 DDRAM 的内容不变。

3.进入模式设置指令格式

进入模式设置指令格式如表 4-7 所列。

表 4-7　进入模式设置指令格式

指令功能	指令编码										执行时间/μs
	RS	R/W	DB7	DB6	DB5	DB4	DB3	DB2	DB1	DB0	
清屏	0	0	0	0	0	0	0	I/D	S		40

进入模式设置指令功能：设定每次写入 1 位数据后光标的移位方向，并且设定每次写入的字符是否移动。其参数设定的情况如下：

① I/D：0 为写入新数据后光标左移，1 为写入新数据后光标右移。

② S：0 为写入新数据后显示屏不移动，1 为写入新数据后显示屏整体右移 1 个字符。

4.显示开关控制指令格式

显示开关控制指令格式如表 4-8 所列。

表 4-8　显示开关控制指令格式

指令功能	指令编码										执行时间/μs
	RS	R/W	DB7	DB6	DB5	DB4	DB3	DB2	DB1	DB0	
清屏	0	0	0	0	0	1	D	C	B		40

显示开关控制指令功能：控制显示器开/关、光标显示/关闭，以及光标是否闪烁。其参数设定的情况如下。

① D：0 为显示功能关，1 为显示功能开。

② C：0 为无光标，1 为有光标。

③ B：0 为光标闪烁，1 为光标不闪烁。

5.显示屏或光标移动方向指令格式

显示屏或光标移动方向指令格式如表 4-9 所列。

表 4-9 显示屏或光标移动方向指令格式

指令功能	指令编码									执行时间/μs
清屏	RS	R/W	DB7	DB6	DB5	DB4	DB3	DB2	DB1	DB0	
	0	0	0	0	1	S/C	R/L	X	X	40

显示屏或光标移动方向指令功能：S/C 和 R/L。其参数设置情况如下。

① 00：光标左移 1 格，且 AC 值减 1。

② 01：光标右移 1 格，且 AC 值加 1。

③ 10：显示器上字符全部左移 1 格，但光标不动。

④ 11：显示器上字符全部右移 1 格，但光标不动。

6.功能设定指令格式

功能设定指令格式如表 4-10 所列。

表 4-10 功能设定指令格式

指令功能	指令编码									执行时间/μs
清屏	RS	R/W	DB7	DB6	DB5	DB4	DB3	DB2	DB1	DB0	
	0	0	0	1	DL	N	F	X	X	40

设定数据总线位数、显示的行数及字型。其参数设定的情况如下。

① DL：0 为数据总线为 4 位，1 为数据总线为 8 位。

② N：0 为显示 1 行，1 为显示 2 行。

③ F：0 为每字符 5×7 点阵，1 为每字符 5×10 点阵。

三、1602 液晶读写时序操作

1602 液晶的时序操作方式包含以下 4 种基本操作。

① 读状态。RS=L，RW=H，E=H；输出：DB0~DB7 为状态字。

② 写指令。RS=L，RW=L，E 为下降沿脉冲，DB0~DB7 为指令码；输出：无。

③ 读数据。RS=H，RW=H，E=H；输出：DB0~DB7 为数据。

④ 写数据。RS＝H，RW＝L，E 为下降沿脉冲，DB0～DB7 为数据；输出：无。

本任务只让单片机向 LCD1602 中写指令、写数据（显示字符），而不需要让单片机读 LCD1602 的状态和数据。用户要严格按照 1602 液晶时序操作方式编写程序，1602 液晶读写时序图如图 4-7 和图 4-8 所示。从时序图中可以更清楚地看到 1602 液晶模块的读写操作方式。

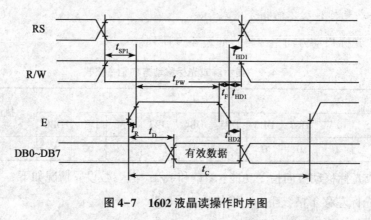

图 4-7 1602 液晶读操作时序图

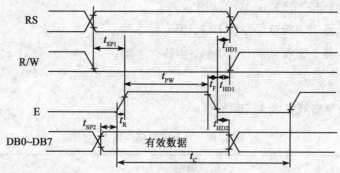

图 4-8 1602 液晶写操作时序图

在单片机对 1602 液晶操作时，对 1602 端口数据有严格的时间要求，如表 4-11 所列。从表 4-11 中可以看到，1602 液晶各端口参数执行的时间单位均为 ns，而 51 单片机执行一条指令的时间单位为 μs，所以 51 单片机的执行速度远远小于 1602 液晶时序要求的执行速度。因此，在编程时可以不必再对 1602 液晶端口操作中专门添加延时程序。

表 4-11 1602 液晶时序操作参数

时序参数	符号	极限值			单位	测试条件
		最小值	典型值	最大值		
E 信号周期	t_C	400	—	—	ns	
E 脉冲宽度	t_{PW}	150	—	—	ns	引脚 E
E 上升沿/下降沿时间	t_R，t_F	—	—	25	ns	

表 4-11(续)

时序参数	符号	极限值			单位	测试条件
		最小值	典型值	最大值		
地址建立时间	t_{SP1}	30	—	—	ns	引脚 E, RS, R/W
地址保持时间	t_{HD1}	10	—	—	ns	
数据建立时间(读操作)	t_D	—	—	100	ns	引脚 DB0~DB7
数据保持时间(读操作)	t_{HD2}	20	—	—	ns	
数据建立时间(写操作)	t_{SP2}	40	—	—	ns	
数据保持时间(写操作)	t_{HD2}	10	—	—	ns	

LCD1602 在操作前需要对其进行初始化,其初始化过程如下:

① 写指令 0X38(显示模式设置);

② 写指令 0X08(显示关闭);

③ 写指令 0X01(显示清屏);

④ 写指令 0X06(显示光标移动设置);

⑤ 写指令 0X0C(显示开及光标设置);

⑥ 初始化完成。

四、LCD1602 显示单个字符

1.任务要求

通过 8 线制接法,在 LCD1602 上显示"Xue Auto Control"。

2.硬件电路设计

LCD1602 显示单个字符硬件电路包括 STC89C52 单片机最小系统硬件电路、LCD1602 硬件电路(见图 4-9),共 2 个电路模块。

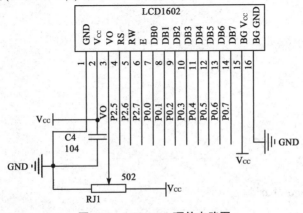

图 4-9　LCD1602 硬件电路图

3.C 语言程序设计

整个系统软件程序包括主函数文件、LCD.h 头文件、Lcd.c 文件，共 3 个文件。各文件 C 语言程序如下。

（1）main.c。

```
#include" reg52.h"              //此文件中定义了单片机的一些特殊功能寄存器
#include" lcd.h"                //此文件中定义了 1602 液晶的一些函数
typedef unsigned int u16;       //对数据类型进行声明定义
typedef unsigned char u8;
u8 Disp[ ] =" Xue Auto Control";
/ * * * * * * * * * * * * * * * * * * * * * * * * * * * * * * * * * * * * * * * * * * * * *
* 函数名：main( void)
* 函数功能：主函数
* 输入：无
* 输出：无
* * * * * * * * * * * * * * * * * * * * * * * * * * * * * * * * * * * * * * * * * * * * * * */
void main( void)
{
    u8 i;
    LcdInit( );                 //LCD1602 初始化程序
    for( i=0; i<16; i++)
    {
        LcdWriteData( Disp[i]);  //字符显示函数
    }
    while( 1);
}
```

（2）LCD.h 头文件。

```
#ifndef_LCD_H_
#define_LCD_H_
#include<reg52.h>
//---重定义关键词---//
#ifndef uchar
#define uchar unsigned char
#endif
```

```
#ifndef uint
#define uint unsigned int
#endif
```

/**
PIN 口定义
**/

```
#define LCD1602_DATAPINS P0
sbit LCD1602_E = P2^7;
sbit LCD1602_RW = P2^5;
sbit LCD1602_RS = P2^6;
```

/**
函数声明
**/

/* 在 51 单片机 12 MHz 时钟下的延时函数 */
```
void Lcd1602_Delay1 ms( uint c);           //误差为 0 μs
```
/* LCD1602 写入 8 位命令子函数 */
```
void LcdWriteCom( uchar com);
```
/* LCD1602 写入 8 位数据子函数 */
```
void LcdWriteData( uchar dat);
```
/* LCD1602 初始化子程序 */
```
void LcdInit( );
#endif
```

（3）Lcd.c 文件。

```
#include" lcd.h"
```

/**
* 函数名：Lcd1602_Delay1 ms(unit c)
* 函数功能：延时函数，延时 1 ms
* 输入：c
* 输出：无
* 说明：该函数是在 12 MHz 晶振下，12 分频单片机的延时
**/
```
void Lcd1602_Delay1 ms( uint c)           //1 ms 延时，误差为 0 μs
{
    uchar a, b;
```

```
    for (; c>0; c--)
    {
        for (b=199; b>0; b--)
        {
            for(a=1; a>0; a--);
        }
    }
}
```

```
/* * * * * * * * * * * * * * * * * * * * * * * * * * * * * * * * * * * * *
* 函数名：LcdWriteCom(uchar com)
* 函数功能：向 LCD 写入一个字节的命令
* 输入：com
* 输出：无
* * * * * * * * * * * * * * * * * * * * * * * * * * * * * * * * * * * * * */
#ifndef LCD1602_4PINS                    //当没有定义这个 LCD1602_4PINS 时，即当
                                         //  1602 液晶数据端子不是 4 线制接法，而是 8
                                         //  线制接法时
void LcdWriteCom(uchar com)              //写入命令函数
{
    LCD1602_E=0;                         //使能
    LCD1602_RS=0;                        //选择发送命令
    LCD1602_RW=0;                        //选择写入
    LCD1602_DATAPINS=com;                //放入命令
    Lcd1602_Delay1ms(1);                 //等待数据稳定
    LCD1602_E=1;                         //写入命令
    Lcd1602_Delay1ms(5);                 //保持时间
    LCD1602_E=0;                         //写入结束
}
#else                                    //当定义了 LCD1602_4PINS 时，即 1602 液晶数
                                         //  据端子是 4 线制接法时
void LcdWriteCom(uchar com)              //写入命令
{
    LCD1602_E=0;                         //使能清零
    LCD1602_RS=0;                        //选择写入命令
```

```
    LCD1602_RW = 0;                    //选择写入
    LCD1602_DATAPINS = com;            //由于4位的接线是接到P0口的高4位,所以
                                        传送高4位不用改
    Lcd1602_Delay1 ms(1);
    LCD1602_E = 1;                     //写入时序
    Lcd1602_Delay1 ms(5);
    LCD1602_E = 0;                     //写入结束
    LCD1602_DATAPINS = com<<4;         //发送低4位
    Lcd1602_Delay1 ms(1);
    LCD1602_E = 1;                     //写入时序
    Lcd1602_Delay1 ms(5);
    LCD1602_E = 0;                     //写入结束
}

#endif
/ * * * * * * * * * * * * * * * * * * * * * * * * * * * * * * * * * * * * * * *
 * 函数名:LcdWriteData(uchar dat)
 * 函数功能:向LCD写入一个字节的数据
 * 输入:dat
 * 输出:无
 * * * * * * * * * * * * * * * * * * * * * * * * * * * * * * * * * * * * * * * */
#ifndef   LCD1602_4PINS
void LcdWriteData(uchar dat)           //写入数据
{
    LCD1602_E = 0;                     //使能清零
    LCD1602_RS = 1;                    //选择输入数据
    LCD1602_RW = 0;                    //选择写入
    LCD1602_DATAPINS = dat;            //写入数据
    Lcd1602_Delay1 ms(1);
    LCD1602_E = 1;                     //写入时序
    Lcd1602_Delay1 ms(5);             //保持时间
    LCD1602_E = 0;                     //写入结束
}
#else
void LcdWriteData(uchar dat)           //写入数据
```

```
{
    LCD1602_E = 0;                        //使能清零
    LCD1602_RS = 1;                       //选择写入数据
    LCD1602_RW = 0;                       //选择写入
    LCD1602_DATAPINS = dat;               //由于4位的接线是接到P0口的高4位，所以
                                            传送高4位不用改
    Lcd1602_Delay1 ms(1);
    LCD1602_E = 1;                        //写入时序
    Lcd1602_Delay1 ms(5);
    LCD1602_E = 0;                        //写入结束
    LCD1602_DATAPINS = dat<<4;            //写入低4位
    Lcd1602_Delay1 ms(1);
    LCD1602_E = 1;                        //写入时序
    Lcd1602_Delay1 ms(5);
    LCD1602_E = 0;                        //写入结束
}
#endif
/* * * * * * * * * * * * * * * * * * * * * * * * * * * * * * * * * * * * *
 * 函数名: LcdInit()
 * 函数功能: 初始化LCD屏
 * 输入: 无
 * 输出: 无
 * * * * * * * * * * * * * * * * * * * * * * * * * * * * * * * * * * * * */
#ifndef   LCD1602_4PINS
void LcdInit()                            //LCD初始化子程序
{
    LcdWriteCom(0x38);                    //开显示
    LcdWriteCom(0x0c);                    //开显示不显示光标
    LcdWriteCom(0x06);                    //光标自动右移
    LcdWriteCom(0x01);                    //清屏
    LcdWriteCom(0x80);                    //设置数据指针起点
}
#else
void LcdInit()                            //LCD初始化子程序
```

```
{
    LcdWriteCom(0x32);                //将 8 位总线转为 4 位总线
    LcdWriteCom(0x28);                //在 4 位线下的初始化
    LcdWriteCom(0x0c);                //开显示不显示光标
    LcdWriteCom(0x06);                //光标自动右移
    LcdWriteCom(0x01);                //清屏
    LcdWriteCom(0x80);                //设置数据指针起点
}
#endif
```

任务三　1602 液晶显示字符串

【知识目标】

◆ 熟记 1602 液晶显示字符串的方法；

◆ 理解超声波传感器在单片机中的应用；

◆ 描述超声波传感器测距原理。

【能力目标】

◆ 会使用超声波传感器模块，并能与单片机正确连接；

◆ 会运用指针地址定位方式编写字符串显示程序；

◆ 利用超声波测距程序掌握变量的显示方法。

【任务描述】

利用 1602 液晶 8 线制接法和超声波模块，在 LCD1602 上显示检测的距离，超声波模块控制端 Trig 接单片机 P2.1 口，输出端 Echo 接单片机 P2.2 口。

一、超声波模块测距工作原理

1.JSN-SR04T-V3.0 超声波模块特点

下面以 JSN-SR04T-V3.0 超声波模块为例，说明超声波模块测距的工作原理。

JSN-SR04T-V3.0 超声波模块可提供 21~600 cm 的非接触式距离感测功能，测距精度可达到 3 mm；模块包括收发一体的超声波传感器与控制电路。

JSN-SR04T-V3.0 超声波模块采用工业级一体化超声波探头设计，防水，性能稳定，兼容市场上所有的 MCU 工作。其特点如下：

① 体积小，使用便捷；

② 供电范围宽，低功耗；

③ 测量精度高，分辨率高；

④ 探测盲区小，距离更远；

⑤ 输出方式多样化，脉宽输出，串口输出，开关量输出。

JSN-SR04T-V3.0 超声波模块实物图如图 4-10 所示。

图 4-10　JSN-SR04T-V3.0 超声波模块实物图

2.JSN-SR04T-V3.0 超声波模块参数

JSN-SR04T-V3.0 超声波模块参数如表 4-12 所列，其引脚功能实物图如图 4-11 所示。

表 4-12　JSN-SR04T-V3.0 超声波模块参数

工作电压	DC：3.0~5.5 V
工作电流	小于 8 mA
探头频率	40 kHz
最远射程	600 cm
最近射程	21 cm
远距精度	±1 cm
分辨率	3 mm
测量角度	75°

表 4-12(续)

输入触发信号	(1)10 μs 以上的 TTL 脉冲； (2)串口发送指令 0X55
输出回响信号	输出脉宽电平信号或 TTL
接线方式	3.0~5.5 V(电源正极) Trig(控制端)RX Echo(输出端)TX GND(电源负极)
工作温度	−20~70 ℃

图 4-11　JSN-SR04T-V3.0 超声波模块引脚功能实物图

JSN-SR04T-V3.0 超声波模块各引脚功能如表 4-13 所列。

表 4-13　JSN-SR04T-V3.0 超声波模块各引脚功能

序号	标号	引脚说明
1	5 V	直流电源正极
2	Trig	触发控制引脚
3	Echo	高电平脉宽输出
4	GND	直流电源负极

3.JSN-SR04T-V3.0 超声波模块测距工作原理

(1)基本工作原理。

① 用 I/O 口 Trig 触发测距,给最少 10 μs 的高电平信号。

② 模块自动发送 8 个 40 kHz 的方波,自动检测是否有信号返回。

③ 若有信号返回,通过 I/O 口 Echo 输出一个高电平,高电平持续的时间就是超声波从发射到返回的时间。常温下,计算公式为:测试距离 =(高电平时间×声速)/2。(声速为 340 m/s)。

④模块被触发测距后,如果接收不到回波信号(原因是超过所测范围或探头没有正对被测物),Echo 口会在 40 ms 后自动变为低电平。这标志着此次测量已结束,不论成功

与否。

（2）超声波时序图。

超声波时序图如图 4-12 所示。

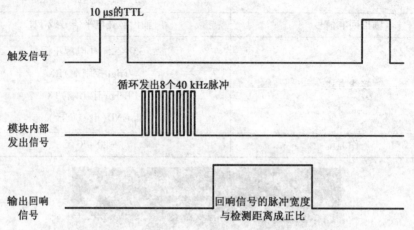

图 4-12　超声波时序图

图 4-12 表明，只需要提供一个 10 μs 以上脉冲触发信号，该模块内部将发出 8 个 40 kHz 周期电平并检测回波。一旦检测到有回波信号，则输出回响信号。回响信号的脉冲宽度与所测的距离成正比。因此，通过发射信号到收到的回响信号时间间隔，可以计算得出测试距离。建议测量周期为 50 ms 以上，以防止发射信号对回响信号产生影响。

二、硬件电路

超声波测距硬件电路图如图 4-13 所示。

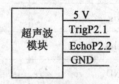

图 4-13　超声波测距硬件电路图

三、C 语言程序设计

整个控制系统主要包括主函数文件 main.c、LCD 驱动函数文件 lcd.c、LCD 头文件 lcd.h，共 3 个文件；包括主函数、超声波测距显示函数、超声波模块启动函数、LCD1602 驱动函数等函数。其各文件的语言程序如下。

1.main.c 文件

```
#include<reg51.h>
#include<intrins.h>
#include"lcd.h"
```

```
sbit Trig=P2^1;                           //超声波模块控制端
sbit Echo=P2^2;                           //超声波模块输出端
unsigned char DIS[ ]="Wave Distance";     //1602 液晶第 1 行显示的字符串
unsigned char code ASCII[15] =  {'0', '1', '2', '3', '4', '5', '6', '7',
'8', '9', '.', '-', 'M'};                 //各字符 ASCII 码
static
    unsigned int   time=0;                //超声波由发出至返回的时间
    unsigned long S=0;                    //距离
    bit   flag =0;                        //定时器 T0 溢出标志位
    unsigned char disbuff[3]={0, 0, 0};   //存储距离的百位、十位、个位
/* * * * * * * * * * * * * * * * * * * * * * * * * * * * * * * * * * * * *
* 函数名: main
* 函数功能: 主函数
* 输入: 无
* 输出: 无
* * * * * * * * * * * * * * * * * * * * * * * * * * * * * * * * * * * * * * * * */
void Conut( void )
    {
    time=TH0 * 256+TL0;                   //计算超声波返回时间
    TH0=0;                                //定时器重新赋初值
    TL0=0;                                //定时器重新赋初值
    S=( time * 1.7)/100;                  //计算距离, 单位为 cm
    if(( S>=700) || flag= =1 )            //超出距离测量范围显示"-"
    {
    flag=0;                               //定时器中断溢出标志位清零
    DisplayOneChar(0, 1, ASCII[11]);      //显示"-"
    DisplayOneChar(1, 1, ASCII[10]);      //显示小数点
    DisplayOneChar(2, 1, ASCII[11]);      //显示"-"
    DisplayOneChar(3, 1, ASCII[11]);      //显示"-"
    DisplayOneChar(4, 1, ASCII[12]);      //显示单位 m
    }
    else
    {
    disbuff[0]=S%1000/100;                //距离的百位
```

```
    disbuff[1]=S%1000%100/10;              //距离的十位
    disbuff[2]=S%1000%10 %10;              //距离的个位
    DisplayOneChar(0, 1, ASCII[disbuff[0]]);  //显示距离的百位
    DisplayOneChar(1, 1, ASCII[10]);          //显示小数点
    DisplayOneChar(2, 1, ASCII[disbuff[1]]);  //显示距离的十位
    DisplayOneChar(3, 1, ASCII[disbuff[2]]);  //显示距离的个位
    DisplayOneChar(4, 1, ASCII[12]);          //显示单位 m
    }
}
/*定时器 T0 中断函数*/
void zd0() interrupt 1                    //T0 中断,用来计数器溢出,超过测
距范围
    {
    flag=1;                               //中断溢出标志
    }
/*超声波模块启动函数*/
void   StartModule()                      //启动模块
    {
    Trig=1;                               //启动一次模块
    _nop_();                              //延时 10 μs
    _nop_();
    _nop_();
    _nop_();
    _nop_();
    _nop_();
    _nop_();
    _nop_();
    _nop_();
    _nop_();
    _nop_();
    _nop_();
    _nop_();
    _nop_();
    _nop_();
    _nop_();
```

```
        _nop_();
        _nop_();
        _nop_();
        _nop_();
        _nop_();
        _nop_();
        Trig = 0;                           //启动模块结束，发出超声波
    }
/*延时 1 ms 函数*/
void delayms(unsigned int ms)
{
    unsigned char i = 100, j;
    for(; ms; ms--)
    {
        while(--i)
        {
            j = 10;
            while(--j);
        }
    }
}
    void main(void)
    {
        TMOD = 0x01;                        //设 T0 为方式 1，GATE = 1;
        TH0 = 0;                            //定时器 T0 高 8 位初值
        TL0 = 0;                            //定时器 T0 低 8 位初值
        ET0 = 1;                            //允许 T0 中断
        EA = 1;                             //开启总中断
    LcdInit();                              //1602 液晶初始化
    LcdShowStr(0, 0, PuZh);                 //1602 液晶第 1 行第一个地址显示的
                                            //  字符串

    while(1)
    {
        StartModule();                      //超声波模块启动
```

```
    while( ! Echo);                         //当 RX 为零时等待
    TR0 = 1;                                //开启定时器 T0, 计时开始
    while( Echo);                           //当 RX 为 1 计数并等待
    TR0 = 0;                                //关闭定时器 T0, 计时结束
    Conut( );                               //计算距离
    delayms(80);                            //延时 80 ms
    }
}
```

2.lcd.h 文件

```
#ifndef_LCD_H_
#define_LCD_H_
/ * * * * * * * * * * * * * * * * * * * * * * * * * * * * * * * * * * * * * * * *
当使用的是 4 位数据传输的时候定义, 使用 8 位取消这个定义
* * * * * * * * * * * * * * * * * * * * * * * * * * * * * * * * * * * * * * * * */
//#define LCD1602_4PINS
/ * * * * * * * * * * * * * * * * * * * * * * * * * * * * * * * * * * * * * * * *
包含头文件
* * * * * * * * * * * * * * * * * * * * * * * * * * * * * * * * * * * * * * * * */
#include<reg52.h>
//---重定义关键词---//
#ifndef uchar
#define uchar unsigned char
#endif
#ifndef uint
#define uint unsigned int
#endif
/ * * * * * * * * * * * * * * * * * * * * * * * * * * * * * * * * * * * * * * * *
PIN 口定义
* * * * * * * * * * * * * * * * * * * * * * * * * * * * * * * * * * * * * * * * */
#define LCD1602_DATAPINS P0
sbit LCD1602_E = P2^7;                      //使能端
sbit LCD1602_RW = P2^5;                     //读写选择端
sbit LCD1602_RS = P2^6;                     //数据命令选择端
```

```
/ * * * * * * * * * * * * * * * * * * * * * * * * * * * * * * * * * * * * * * * *
```

函数声明

```
* * * * * * * * * * * * * * * * * * * * * * * * * * * * * * * * * * * * * * * */
```

/ * 在 51 单片机 12 MHz 时钟下的延时函数 */

void Lcd1602_Delay1 ms(uint c);　　　　　　　　　//误差 0 μs

/ * LCD1602 写入 8 位命令子函数 */

void LcdWriteCom(uchar com);

/ * LCD1602 写入 8 位数据子函数 */

void LcdWriteData(uchar dat);

/ * LCD1602 初始化子程序 */

void LcdInit();

#endif

　　3.lcd.c 文件

#include"lcd.h"

/ * 单个字符显示方式显示字符串驱动程序 */

```
/ * * * * * * * * * * * * * * * * * * * * * * * * * * * * * * * * * * * * * * * *
```

* 函数名：Lcd1602_Delay1 ms(uint c)

* 函数功能：延时函数，延时 1 ms

* 输入：c

* 输出：无

* 说明：该函数是在 12 MHz 晶振下，12 分频单片机的延时

```
* * * * * * * * * * * * * * * * * * * * * * * * * * * * * * * * * * * * * * * */
```

void Lcd1602_Delay1 ms(uint c)　　　　　　　　　//1 ms 延时，误差 0 μs

```c
{
    uchar a, b;
    for (; c>0; c--)
    {
        for (b=199; b>0; b--)
        {
            for(a=1; a>0; a--);
        }
    }
}
```

```
/ * * * * * * * * * * * * * * * * * * * * * * * * * * * * * * * * * * * * * * * *
* 函数名: LcdWriteCom(uchar com)
* 函数功能: 向 LCD 写入一个字节的命令
* 输入: com
* 输出: 无
* * * * * * * * * * * * * * * * * * * * * * * * * * * * * * * * * * * * * * * * */
#ifndef LCD1602_4PINS              //当没有定义这个 LCD1602_4PINS
                                   时, 即当 1602 液晶数据端子不是 4
                                   线制接法, 而是 8 线制接法时
void LcdWriteCom(uchar com)        //写入命令函数
{
    LCD1602_E = 0;                 //使能
    LCD1602_RS = 0;                //选择发送命令
    LCD1602_RW = 0;                //选择写入
    LCD1602_DATAPINS = com;        //放入命令
    Lcd1602_Delay1 ms(1);          //等待数据稳定
    LCD1602_E = 1;                 //写入命令
    Lcd1602_Delay1 ms(5);          //保持时间
    LCD1602_E = 0;                 //写入结束
}
#else                              //当定义了 LCD1602_4PINS 时, 即
                                   1602 液晶数据端子是 4 线制接法时
void LcdWriteCom(uchar com)        //写入命令
{
    LCD1602_E = 0;                 //使能清零
    LCD1602_RS = 0;                //选择写入命令
    LCD1602_RW = 0;                //选择写入
    LCD1602_DATAPINS = com;        //由于 4 位的接线是接到 P0 口的高 4
                                   位, 所以传送高 4 位不用改
    Lcd1602_Delay1 ms(1);
    LCD1602_E = 1;                 //写入时序
    Lcd1602_Delay1 ms(5);
    LCD1602_E = 0;                 //写入结束
    LCD1602_DATAPINS = com<<4;     //发送低 4 位
```

```
    Lcd1602_Delay1 ms(1);
    LCD1602_E = 1;                          //写入时序
    Lcd1602_Delay1 ms(5);
    LCD1602_E = 0;                          //写入结束
}
#endif
/* * * * * * * * * * * * * * * * * * * * * * * * * * * * * * * * * * * * *
 * 函数名：LcdWriteData(uchar dat)
 * 函数功能：向 LCD 写入一个字节的数据
 * 输入：dat
 * 输出：无
 * * * * * * * * * * * * * * * * * * * * * * * * * * * * * * * * * * * * */
#ifndef   LCD1602_4PINS
void LcdWriteData(uchar dat)                //写入数据
{
    LCD1602_E = 0;                          //使能清零
    LCD1602_RS = 1;                         //选择输入数据
    LCD1602_RW = 0;                         //选择写入
    LCD1602_DATAPINS = dat;                 //写入数据
    Lcd1602_Delay1 ms(1);
    LCD1602_E = 1;                          //写入时序
    Lcd1602_Delay1 ms(5);                   //保持时间
    LCD1602_E = 0;                          //写入结束
}
#else
void LcdWriteData(uchar dat)                //写入数据
{
    LCD1602_E = 0;                          //使能清零
    LCD1602_RS = 1;                         //选择写入数据
    LCD1602_RW = 0;                         //选择写入
    LCD1602_DATAPINS = dat;                 //由于 4 位的接线是接到 P0 口的高 4
                                            //  位，所以传送高 4 位不用改
    Lcd1602_Delay1 ms(1);
    LCD1602_E = 1;                          //写入时序
```

```
        Lcd1602_Delay1 ms(5);
        LCD1602_E=0;                              //写入结束
        LCD1602_DATAPINS=dat<<4;                  //写入低4位
        Lcd1602_Delay1 ms(1);
        LCD1602_E=1;                              //写入时序
        Lcd1602_Delay1 ms(5);
        LCD1602_E=0;                              //写入结束
}

#endif
/************************************************
* 函数名: LcdInit()
* 函数功能: 初始化LCD屏
* 输入: 无
* 输出: 无
************************************************/
#ifndefLCD1602_4PINS
void LcdInit()                                    //LCD初始化子程序
{
        LcdWriteCom(0x38);                        //开显示
        LcdWriteCom(0x0c);                        //开显示不显示光标
        LcdWriteCom(0x06);                        //光标自动右移
        LcdWriteCom(0x01);                        //清屏
        LcdWriteCom(0x80);                        //设置数据指针起点
}
#else
void LcdInit()                                    //LCD初始化子程序
{
        LcdWriteCom(0x32);                        //将8位总线转为4位总线
        LcdWriteCom(0x28);                        //在4位线下的初始化
        LcdWriteCom(0x0c);                        //开显示不显示光标
        LcdWriteCom(0x06);                        //光标自动右移
        LcdWriteCom(0x01);                        //清屏
        LcdWriteCom(0x80);                        //设置数据指针起点
}
```

```
#endif
/ * * * * * * * * * * * * * * * * * * * * * * * * * * * * * * * * * * * *
 *  函数名: LcdSetCursor( unsigned char x, unsigned char y)
 *  函数功能: 定位数据显示坐标
 *  输入: x, y
 *  输出: 无
 * * * * * * * * * * * * * * * * * * * * * * * * * * * * * * * * * * * * * */
void LcdSetCursor( unsigned char x, unsigned char y)
                                    //定位坐标 x, y, 显示数据
{
    unsigned char addr;             //数据显示地址
    if( y == 0)                     //数据显示 y 坐标, 定位 1602 液晶第 1 行
        addr = 0x00 + x;            //1602 液晶第 1 行数据, x 坐标时地址
    else
        addr = 0x40 + x;            //1602 液晶第 2 行数据, x 坐标时地址
    LcdWriteCom( addr | 0X80);      //向 1602 液晶写地址命令
}
/ * * * * * * * * * * * * * * * * * * * * * * * * * * * * * * * * * * * *
 *  函数名: DisplayOneChar( unsigned char X, unsigned char Y, unsigned char DData
 *  函数功能: 在 1602 液晶指定地址位置显示一个字符
 *  输入: X, Y, DData
 *  输出: 无
 * * * * * * * * * * * * * * * * * * * * * * * * * * * * * * * * * * * * * */
void DisplayOneChar( unsigned char X, unsigned char Y, unsigned char DData)
                                    //在 1602 液晶指定地址坐标 X, Y, 显示一个
                                    //字符数据 DData
{
    Y &= 0x01;                      //只取 Y 最后一位, 其他位为 0, Y 不能大于 1
    X &= 0x0f;                      //限制 X 不能大于 15
    if ( Y)                         //若在第 2 行显示字符
    X |= 0x40;                      //则要显示第 2 行时地址码"+0X40";
    X |= 0x80;                      //算出指令码
    LcdWriteCom( X);                //发地址命令码
    LcdWriteData( DData);           //发字符数据
```

```
    }
/* * * * * * * * * * * * * * * * * * * * * * * * * * * * * * * * * * * * * *
 * 函数名:LcdShowStr(unsigned char x,unsigned char y,unsigned char * str)
 * 函数功能:显示字符串
 * 输入:x,y, * str
 * 输出:无
 * * * * * * * * * * * * * * * * * * * * * * * * * * * * * * * * * * * * * */
void LcdShowStr(unsigned char x,unsigned char y,unsigned char * str)  //显示字符串
{
    LcdSetCursor(x,y);                      //当前字符的坐标
    while( * str ! = '\0')                   //字符指针不遇到结束符
    {
        LcdWriteData( * str++);             //字符指针地址自动加1,1602 显示字符串中
                                              字符
    }
}
```

任务四　简易计算器设计

【知识目标】

❖ 说明矩阵键盘行扫描法在实际项目中的应用;

❖ 描述单片机实现简易计算器的设计过程;

❖ 说明 LCD1602 单个字符显示驱动程序在实际项目中的应用。

【能力目标】

❖ 能分析简易计算器任务中矩阵键盘的扫描原理;

❖ 能利用行扫描法编写简易计算器取键值程序;

❖ 能利用 LCD1602 单个字符显示驱动程序模块编程。

【任务描述】

利用矩阵键盘制作一个简易计算器,使之能实现整数与整数之间的加、减、乘、除运算,并在 LCD1602 上显示算式与结果。

一、硬件电路设计

1.矩阵键盘按键功能

简易计算器矩阵键盘共 16 个按键，分别为 0~9 共 10 个数字，以及加(+)、减(-)、乘(＊)、除(/)、清零(C)、等于(=)运算符号。矩阵键盘各按键功能如表 4-14 所列。

表 4-14　矩阵键盘各按键功能

按键	S1	S2	S3	S4	S5	S6	S7	S8
功能	1	2	3	+	4	5	6	-
按键	S9	S10	S11	S12	S13	S14	S15	S16
功能	7	8	9	＊	0	C	=	/

2.硬件电路

简易计算器硬件电路由 STC89C52 单片机最小系统硬件电路、矩阵键盘电路、LCD1602 硬件电路组成。

二、C 语言程序设计

计算器各按键识别算法采用矩阵键盘行扫描法，P1.0~P1.3 为行选端，P1.4~P1.7 为列选端。先将 P1.0 口置为 0，即第 1 行为 0，其他 I/O 口均置为 1，判断第 1 行某列是否有按键被按下，若第 1 行某一列有按键被按下，则 P1 口的状态一定不等于 0XFE，否则一定等于 0XFE；由此便可以确定按键所在的行数，再将所有行选端 P1.0~P1.3 置 0，列选端 P1.4~P1.7 置 1，如果第 1 行中有任意按键按下，用 switch 语句判断键值是否为 0XE0、0XD0、0XB0、0X70 中的某一个数值，这 4 个十六进制数分别对应了 P1.4~P1.7 这 4 列为 0 的情况，便可确定该按键所在的列，这样便完成了第 1 行的键盘扫描；以此类推，其他行也如此操作。

简易计算器控制系统由主函数、键盘扫描函数、LCD 单字符显示驱动程序、LCD 头文件组成。各文件 C 语言程序如下。

1. main.c 文件

```
/＊ 实现两个数的运算，每个数的位数至少为 8 位 ＊/
#include<reg51.h>
#include"lcd.h"
typedef unsigned char uint8;
typedef unsigned int uint16;
uint8 key, num;                    //key 为按键编码，num 为 0~15 共 16 个按键
```

标号

```
uint8 fuhao;                              //定义具体的符号，是加减还是乘除
uint8 flag;                               //定义有没有按下符号键，符号键标志位
long a, b, c;                             //定义运算数据第一个数 a 和第二个数 b 及计
                                            算结果 c(变量)
uint8 k;                                  //定义小数点后面显示的位数
uint8 dat[] = {1, 2, 3, 0x2b-0x30, 4, 5, 6, 0x2d-0x30, 7, 8, 9, 0x2a-0x30, 0, 0x01-
0x30, 0x3d-0x30, 0x2f-0x30 };             //要显示的数据
void delay(uint16 i)                      //延时函数，i=1 时，大约延时 10 μs
{
    while(i--);
}
void lcdwrc(uint8 c)                      //向 1602 液晶写命令函数
{
    LcdWriteCom(c);
}
void lcdwrd(uint8 dat)                    //向 1602 液晶写数据函数
{
    LcdWriteData(dat);
}
void lcd_init()                          //LCD1602 初始化函数
{
    LcdInit();                           //执行 lcd.c 中 LCD1602 初始化函数
    key=0;
    num=0;
    flag=0;
    fuhao=0;
    a=0;
    b=0;
    c=0;                                 //全部清零
}
void keyscan()
{
    P1=0xfe;                             //令第 1 行为 0，其他行选端和列选端置 1，判
```

断第 1 行某列是否有按键被按下

```
if(P1! =0xfe)                      //如果在第1行上,某一列有按键被按下
{
    delay(1000);                   //延时10 ms
    if(P1! =0xfe)                  //消抖检测
    {
        key=P1&0xf0;               //所有行选端置0,列选端不变
        switch(key)                //判断是第1行的哪一列被按下
        {
            case 0xe0: num=0; break; //第1行第1列按下,即计算器中1键被按下
            case 0xd0: num=1; break; //第1行第2列按下,即计算器中2键被按下
            case 0xb0: num=2; break; //第1行第3列按下,即计算器中3键被按下
            case 0x70: num=3; break; //第1行第4列按下,即计算器中加号(+)键
                                     //  被按下
        }
    }
    while(P1! =0xfe);              //松手检测
    if(num==3)
    {
        flag=1;                   //符号键标志位置1
        fuhao=1;                  //为1表示加号(+)键被按下
    }
    lcdwrd(0x30+dat[num]);        //显示加号(+)
}
if(num==0 || num==1 || num==2)    //确认计算器第1行的数1,2,3
    {
        if(flag==0)               //没有按下符号键
        {
            a=a*10+dat[num];      //存储按下的数据为a
        }
        else
        {
            b=b*10+dat[num];      //存储按下的数据为b
        }
```

```
}
P1 = 0xfd;                          //令第 2 行为 0，其他行选端和列选端置 1，判
                                      断第 2 行某列是否有按键被按下
if( P1! = 0xfd)                     //如果在第 2 行上，某一列有按键被按下
{
    delay( 1000) ;                  //延时 10 ms
    if( P1! = 0xfd)                 //消抖检测
    {
        key = P1&0xf0;              //所有行选端置 0，列选端不变
        switch( key)               //判断是第 2 行的哪一列被按下
        {
            case 0xe0：num = 4; break;
                                    //第 2 行第 1 列按下，即计算器中 4 键被按下
            case 0xd0：num = 5; break;
                                    //第 2 行第 2 列按下，即计算器中 5 键被按下
            case 0xb0：num = 6; break;
                                    //第 2 行第 3 列按下，即计算器中 6 键被按下
            case 0x70：num = 7; break;
                                    //第 2 行第 4 列按下，即计算器中减号（－）键
                                      被按下
        }
}
while( P1! = 0xfd);                 //松手检测
if( num = =4 ‖ num = =5 ‖ num = =6)  //确认计算器第 2 行的数 4，5，6
{
    if( flag = =0)                  //没有按下符号键
    {
        a = a * 10+dat[ num];       //存储按下的数据为 a
    }
    else
    {
        b = b * 10+dat[ num];       //存储按下的数据为 b
    }
}
```

```
    else
    {
        flag = 1;                    //符号键标志位置 1
        fuhao = 2;                   //为 2 表示减号(-)键被按下
    }
    lcdwrd(0x30+dat[num]);           //显示减号(-)
}
P1 = 0xfb;                           //令第 3 行为 0,其他行选和端列选端置 1,判
                                     //  断第 3 行某列是否有按键被按下
if(P1! = 0xfb)                       //如果在第 3 行上,某一列有按键被按下
{
    delay(1000);                     //延时 10 ms
    if(P1! = 0xfb)                   //消抖检测
    {
        key = P1&0xf0;               //所有行选端置 0,列选端不变
        switch(key)                  //判断是第 3 行的哪一列被按下
        {
            case 0xe0: num = 8; break;   //第 3 行第 1 列按下,即计算器中 7 键被
                                         //  按下
            case 0xd0: num = 9; break;   //第 3 行第 2 列按下,即计算器中 8 键被
                                         //  按下
            case 0xb0: num = 10; break;  //第 3 行第 3 列按下,即计算器中 9 键被
                                         //  按下
            case 0x70: num = 11; break;  //第 3 行第 4 列按下,即计算器中乘号
                                         //  (×)键被按下
        }
    }
}
while(P1! = 0xfb);                   //松手检测
if(num = = 8 || num = = 9 || num = = 10)  //确认计算器第 3 行的数 7,8,9
{
    if(flag = = 0)                   //没有按下符号键
    {
        a = a * 10+dat[num];         //存储按下的数据为 a
    }
```

```
        else
        {
            b=b*10+dat[num];              //存储按下的数据为b
        }
    }
    else
    {
        flag=1;                           //符号键标志位置1
        fuhao=3;                          //为3表示乘号（×）键被按下
    }
    lcdwrd(0x30+dat[num]);               //显示乘号（×）
    }
    P1=0xf7;                              //令第4行为0，其他行选和端列选端置
                                            1，判断第4行某列是否有按键被按下
    if(P1!=0xf7)                          //如果在第4行上，某一列有按键被按下
    {
        delay(1000);                      //延时10 ms
        if(P1!=0xf7)                      //消抖检测
        {
            key=P1&0xf0;                  //所有行选端置0，列选端不变
            switch(key)                   //判断是第4行的哪一列被按下
            {
            case 0xe0: num=12; break;     //第4行第1列按下，即计算器中0键被
                                            按下
            case 0xd0: num=13; break;     //第4行第2列按下，即计算器中清除
                                            （CLR）键被按下
            case 0xb0: num=14; break;     //第4行第3列按下，即计算器中等号
                                            （=）键被按下
            case 0x70: num=15; break;     //第4行第4列按下，即计算器中除号
                                            （/）键被按下
            }
        }
    while(P1!=0xf7);                      //松手检测
    switch(num)
```

```
{
    case 12：
        if(flag==0)                         //没有按下符号键
        {
            a=a*10+dat[num]；               //存储按下的数据为a
            lcdwrd(0x30)；                   //显示数据0
        }
        else
        {
            b=b*10+dat[num]；               //存储按下的数据为b
            lcdwrd(0x30)；                   //显示数据0
        }
        break；
    case 13：
        lcdwrc(0x01)；                       //清屏指令
        a=0；                                //数据a清零
        b=0；                                //数据b清零
        flag=0；                             //符号键标志位清零
        fuhao=0；                            //符号标志位清零
        break；
    case 15：
        flag=1；                             //符号键标志位置1
        fuhao=4；                            //为4表示除号(/)键被按下
        lcdwrd(0x2f)；                       //显示除号(/)
        break；
    case 14：
        if(fuhao==1)                         //如果加号(+)键被按下
        {
            lcdwrc(0x4f+0x80)；             //将数据指针地址定位在0x4f位置
            lcdwrc(0x04)；                   //设置光标自动左移,屏幕不移动
            c=a+b；                          //两数加法计算
            while(c!=0)                      //一位一位地显示
            {
                lcdwrd(0x30+c%10)；         //显示结果c的最后一位在0x4f的位置,
```

```
                                        从低位向高位，一位一位地显示
        c=c/10;                         //取 c 前面位的结果数据
    }
    lcdwrd(0x3d);                        //显示等号(=)
    a=0;
    b=0;
    flag=0;
    fuhao=0;                             //全部清除为0
}
if(fuhao==2)                             //减
{
    lcdwrc(0x4f+0x80);                   //将数据指针地址定位在 0x4f 位置
    lcdwrc(0x04);                        //设置光标自动左移, 屏幕不移动
    if(a>b)                              //如果 a>b
        c=a-b;                           //c 为正数
    else
        c=b-a;                           //如果 a≤b, 仍将 c 先置为正数
    while(c!=0)                          //一位一位地显示
    {
        lcdwrd(0x30+c%10);               //显示结果 c 的最后一位在 0x4f 的位置,
                                         从低位向高位, 一位一位地显示
        c=c/10;                          //取 c 前面的结果数据
    }
    if(a<b)                              //如果 a<b
    lcdwrd(0x2d);                        //显示减号(-)
    lcdwrd(0x3d);                        //显示等号(=)
    a=0;
    b=0;
    flag=0;
    fuhao=0;                             //全部清除为0
}
if(fuhao==3)                             //乘法
{
    lcdwrc(0x4f+0x80);                   //将数据指针地址定位在 0x4f 位置
```

```
        lcdwrc(0x04);                    //设置光标自动左移,屏幕不移动
        c=a*b;
        while(c!=0)                      //一位一位地显示
        {
            lcdwrd(0x30+c%10);           //显示结果 c 的最后一位在 0x4f 的位置,
                                           从低位向高位,一位一位地显示
            c=c/10;                      //取 c 前面的结果数据
        }
        lcdwrd(0x3d);                    //显示等号(=)
        a=0;
        b=0;
        flag=0;
        fuhao=0;                         //全部清除为 0
}
if(fuhao==4)                             //除法
{
    k=0;                                 //小数点后显示位数
    lcdwrc(0x4f+0x80);                   //将数据指针地址定位在 0x4f 位置
        lcdwrc(0x04);                    //设置光标自动左移,屏幕不移动
        c=(long)(((float)a/b)*1000);
                                         //a/b 强制转换为 float 小数类型,使结果
                                           变成小数,再扩大 1000 倍后强制转换
                                           为 long,又变回整数类型
        while(c!=0)                      //一位一位地显示
        {
            k++;                         //变量加 1
            lcdwrd(0x30+c%10);
                                         //显示结果 c 的最后一位在 0x4f 的位置,
                                           从低位向高位,一位一位地显示
            c=c/10;                      //取前面的结果数据
            if(k==3)                     //此时显示小数点
            {
                lcdwrd(0x2e);//显示小数点
                k=0;                     //清零
```

```
                    }
                  }
                if(a/b<0)                    //如果 a 比 b 小,那么除的结果最高位是 0
                  {
                    lcdwrd(0x30);            //显示 0
                  }
                lcdwrd(0x3d);               //显示等号(=)
                a=0;
                b=0;
                flag=0;
                fuhao=0;                     //全部清除为 0
               }
            break;
          }
       }
    }

void main()
{
    lcd_init();                             //LCD1602 初始化
    while(1)
      {
        keyscan();                          //键盘扫描函数
      }
}
```

2. lcd.h 文件

```
#ifndef_LCD_H_
#define_LCD_H_
/ * * * * * * * * * * * * * * * * * * * * * * * * * * * * * * * * * * * * *
* 当使用的是 4 位数据传输的时候定义, 使用 8 位取消这个定义
 * * * * * * * * * * * * * * * * * * * * * * * * * * * * * * * * * * * * */
#define LCD1602_4PINS
#include<reg51.h>
//---重定义关键词---//
```

```
#ifndef uchar
#define uchar unsigned char
#endif
#ifndef uint
#define uint unsigned int
#endif
/ * * * * * * * * * * * * * * * * * * * * * * * * * * * * * * * * * * * *
* PIN 口定义
* * * * * * * * * * * * * * * * * * * * * * * * * * * * * * * * * * * * */
#define LCD1602_DATAPINS P0
sbit LCD1602_E = P2^7;                    //使能信号
sbit LCD1602_RW = P2^5;                   //读写选择端
sbit LCD1602_RS = P2^6;                   //数据命令选择端
/ * * * * * * * * * * * * * * * * * * * * * * * * * * * * * * * * * * * *
* 函数声明
* * * * * * * * * * * * * * * * * * * * * * * * * * * * * * * * * * * * */
/ * 在 51 单片机 12 MHz 时钟下的延时函数 * /
void Lcd1602_Delay1 ms( uint c);
/ * LCD1602 写入 8 位命令子函数 * /
void LcdWriteCom( uchar com);
/ * LCD1602 写入 8 位数据子函数 * /
void LcdWriteData( uchar dat);
/ * LCD1602 初始化子程序 * /
void LcdInit( );
#endif
```

3.lcd.c 文件

```
#include" lcd.h"
/ * * * * * * * * * * * * * * * * * * * * * * * * * * * * * * * * * * * *
* 函数名: Lcd1602_Delay1 ms( uint c)
* 函数功能: 延时函数, 延时 1 ms
* 输入: c
* 输出: 无
* 说明: 该函数是在 12 MHz 晶振下, 12 分频单片机的延时
```

```
*********************************************/
void Lcd1602_Delay1ms(uint c)                    //1 ms 延时, 误差 0 μs
{
    uchar a, b;
    for (; c>0; c--)
    {
        for (b=199; b>0; b--)
        {
            for(a=1; a>0; a--);
        }
    }
}
/*********************************************
*  函数名: LcdWriteCom(char com)
*  函数功能: 向 LCD 写入一个字节的命令
*  输入: com
*  输出: 无
*********************************************/
#ifndef LCD1602_4PINS                            //当没有定义这个 LCD1602_4PINS 时,
                                                 //  即当 1602 液晶数据端子不是 4 线制接
                                                 //  法, 而是 8 线制接法时
void LcdWriteCom(uchar com)                      //写入命令函数
{
    LCD1602_E=0;                                 //使能
    LCD1602_RS=0;                                //选择发送命令
    LCD1602_RW=0;                                //选择写入
    LCD1602_DATAPINS=com;                        //放入命令
    Lcd1602_Delay1ms(1);                         //等待数据稳定
    LCD1602_E=1;                                 //写入命令
    Lcd1602_Delay1ms(5);                         //保持时间
    LCD1602_E=0;                                 //写入结束
}
#else                                            //当定义了 LCD1602_4PINS 时, 即 1602
                                                 //液晶数据端子是 4 线制接法时
```

```
void LcdWriteCom(uchar com)                //写入命令
{
    LCD1602_E=0;                           //使能清零
    LCD1602_RS=0;                          //选择写入命令
    LCD1602_RW=0;                          //选择写入
    LCD1602_DATAPINS=com;                  //由于4位的接线是接到P0口的高4
                                           位,所以传送高4位不用改
    Lcd1602_Delay1ms(1);
    LCD1602_E=1;                           //写入时序
    Lcd1602_Delay1ms(5);
    LCD1602_E=0;                           //写入结束
    LCD1602_DATAPINS=com<<4;               //发送低4位
    Lcd1602_Delay1ms(1);
    LCD1602_E=1;                           //写入时序
    Lcd1602_Delay1ms(5);
    LCD1602_E=0;                           //写入结束
}
#endif
/*************************************************
* 函数名:LcdWriteData(uchar dat)
* 函数功能:向LCD写入一个字节的数据
* 输入:dat
* 输出:无
*************************************************/
#ifndef   LCD1602_4PINS
void LcdWriteData(uchar dat)               //写入数据
{
    LCD1602_E=0;                           //使能清零
    LCD1602_RS=1;                          //选择输入数据
    LCD1602_RW=0;                          //选择写入
    LCD1602_DATAPINS=dat;                  //写入数据
    Lcd1602_Delay1ms(1);
    LCD1602_E=1;                           //写入时序
    Lcd1602_Delay1ms(5);                   //保持时间
```

```
    LCD1602_E = 0;                              //写入结束
}
#else
void LcdWriteData( uchar dat )                  //写入数据
{
    LCD1602_E = 0;                              //使能清零
    LCD1602_RS = 1;                             //选择写入数据
    LCD1602_RW = 0;                             //选择写入
    LCD1602_DATAPINS = dat;                     //由于 4 位的接线是接到 P0 口的高 4
                                                 位，所以传送高 4 位不用改
    Lcd1602_Delay1 ms(1);
    LCD1602_E = 1;                              //写入时序
    Lcd1602_Delay1 ms(5);
    LCD1602_E = 0;                              //写入结束
    LCD1602_DATAPINS = dat<<4;                  //写入低 4 位
    Lcd1602_Delay1 ms(1);
    LCD1602_E = 1;                              //写入时序
    Lcd1602_Delay1 ms(5);
    LCD1602_E = 0;                              //写入结束
}
#endif
/ * * * * * * * * * * * * * * * * * * * * * * * * * * * * * * * * * * * * * * * * *
*  函数名: LcdInit( )
*  函数功能: 初始化 LCD 屏
*  输入: 无
*  输出: 无
* * * * * * * * * * * * * * * * * * * * * * * * * * * * * * * * * * * * * * * * * */
#ifndefLCD1602_4PINS
void LcdInit( )                                 //LCD 初始化子程序
{
    LcdWriteCom(0x38);                          //开显示
    LcdWriteCom(0x0c);                          //开显示不显示光标
    LcdWriteCom(0x06);                          //光标自动右移
    LcdWriteCom(0x01);                          //清屏
```

```
    LcdWriteCom(0x80);                    //设置数据指针起点
}
#else
void LcdInit()                            //LCD 初始化子程序
{
    LcdWriteCom(0x32);                    //将 8 位总线转为 4 位总线
    LcdWriteCom(0x28);                    //在 4 位线下的初始化
    LcdWriteCom(0x0c);                    //开显示不显示光标
    LcdWriteCom(0x06);                    //光标自动右移
    LcdWriteCom(0x01);                    //清屏
    LcdWriteCom(0x80);                    //设置数据指针起点
}
#endif
```

【任务评估】

(1)程序设计。要求：按下 16 个矩阵键盘，依次在数码管上显示数 1~16 的平方，如按下第 1 个按键显示 1，按下第 2 个按键显示 4，……，按下第 16 个按键显示 256。

(2)用矩阵按键设计一个简易加法计算器。

(3)程序设计。要求：用 1602 液晶实现第 1 行显示"I LIKE MCU！"，第 2 行显示"STUDY MCU HARDLY"。

(4)程序设计。要求：用 1602 液晶实现第 1 行从左侧移入"Hello everyone！"同时第 2 行从右侧移入"Welcome to here！"，移入速度自定，然后两行内容停留在屏幕上。

(5)编程设计一个汽车倒车测距仪，要求该超声波测距仪可以显示当前距离，且具有报警功能，当小于最小距离 0.3 m 危险值时，系统将发出报警提示。

项目五

多功能时钟

任务一 蜂鸣器的使用

【知识目标】

❖ 熟悉有源蜂鸣器的基本原理、使用方法；
❖ 熟悉无源蜂鸣器的基本原理、使用方法。

【能力目标】

❖ 能够正确设计蜂鸣器驱动电路；
❖ 能够利用单片机驱动无源蜂鸣器，并使其发声。

【任务描述】

利用 51 单片机进行设计电路与编写程序，通过单片机 P1.5 口驱动有源蜂鸣器，使其发出不同音调的声音。

一、蜂鸣器的分类

蜂鸣器是一种一体化结构的电子讯响器，采用直流电压供电，被广泛地应用于计算机、打印机、复印机、报警器、电子玩具、汽车电子设备、电话机、定时器等电子产品中，用作发声器件。蜂鸣器主要分为压电式蜂鸣器和电磁式蜂鸣器。

压电式蜂鸣器主要由多谐振荡器、压电蜂鸣片、阻抗匹配器及共鸣箱、外壳等组成。多谐振荡器由晶体管或集成电路构成，当接通电源后(1.5~15.0 V 直流工作电压)，多谐振荡器起振，输出 1.5~5.0 kHz 的音频信号，阻抗匹配器推动压电蜂鸣片发声。

电磁式蜂鸣器由振荡器、电磁线圈、磁铁、振动膜片及外壳等组成。接通电源后，振荡器产生的音频信号电流通过电磁线圈，使电磁线圈产生磁场，振动膜片在电磁线圈和磁铁的相互作用下，周期性地振动发声。

压电式蜂鸣器与电磁式蜂鸣器的区别：若要压电式蜂鸣器发声，需提供一定频率的脉冲信号；若要电磁式蜂鸣器发声，只需提供电源。

按照驱动方式，蜂鸣器分为有源蜂鸣器和无源蜂鸣器。这里说的有源，并不是指电源的意思，而是指蜂鸣器内部是否含有振荡电路，有源蜂鸣器内部自带振荡电路，只需提供电源即可发声；而无源蜂鸣器则需提供一定频率的脉冲信号才能发声，频率大小通常在 1.5~5.0 kHz。有源蜂鸣器实物图如图 5-1 所示。

图 5-1　有源蜂鸣器实物图

如果给有源蜂鸣器加一个 1.5~5.0 kHz 的脉冲信号，同样也会发声，而且改变这个频率，就可以调节蜂鸣器音调，产生各种不同音色、音调的声音。如果改变输出电平的高低电平占空比，就可以改变蜂鸣器的声音大小。

二、单片机驱动蜂鸣器硬件电路设计

要实现蜂鸣器的控制，能否直接使用 51 单片机的 I/O 口驱动蜂鸣器呢？答案是否定的。因为 51 单片机 I/O 口的驱动能力较弱（即使外接上拉电阻），而蜂鸣器驱动需要约 30 mA 的电流，所以非常困难；即使可以驱动，对于整个芯片来说，51 单片机 I/O 口剩下的驱动能力就更弱，甚至无法工作。所以不会直接使用 I/O 口驱动蜂鸣器，而是通过三极管把电流放大后再驱动蜂鸣器，这样 51 单片机的 I/O 口只需要提供不到 1 mA 的电流就可以控制蜂鸣器。所以 51 单片机芯片是用于控制而不是用于驱动的。

利用单片机驱动无源蜂鸣器电路图如图 5-2 所示。从图 5-2 中可以看出，蜂鸣器控制引脚直接连接到 51 单片机的 I/O 口上。无源蜂鸣器需要一定频率的脉冲（高低电平）才会发声，图 5-2 中的 PNP 三极管起到放大电流的作用，从而可以驱动蜂鸣器。当 I/O 口有一个高电平进来时，PNP 三极管 TP1 截止，蜂鸣器不得电；当 I/O 口有一个低电平进来时，PNP 三极管 TP1 导通，蜂鸣器得电；如果 I/O 口有一个一定频率的脉冲信号

(高、低电平不断翻转)时，无源蜂鸣器发出声音。而有源蜂鸣器只需电源即可发声，如果使用的是有源蜂鸣器，就需要考虑外界对 I/O 口电平的干扰问题。使用有源蜂鸣器时可参考图 5-3 所示电路图。

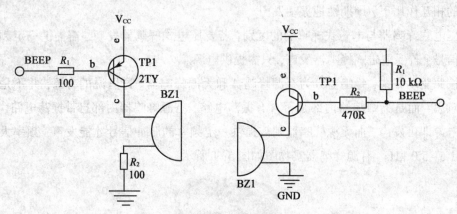

图 5-2　无源蜂鸣器电路图　　　　图 5-3　有源蜂鸣器电路图

通过电阻 R_2 和 PNP 三极管 TP1 进行电流放大，从而驱动蜂鸣器。电阻 R_1 是一个上拉电阻，用来防止蜂鸣器误发声。当 BEEP 引脚输出低电平时，PNP 三极管导通，蜂鸣器发声；当 BEEP 引脚输出高电平时，PNP 三极管截止，蜂鸣器停止发声。

三、单片机驱动蜂鸣器程序

本任务程序所要实现的功能：让有源蜂鸣器发出声音，即让 P1.5 引脚输出一个低电平，完成后可再让 P1.5 输出一定频率的脉冲控制有源蜂鸣器，使其发出不同音调的声音。其 C 语言程序如下。

```
#include" reg52.h"              //此文件中定义了单片机的一些特殊功
                                  能寄存器

#include<intrins.h>             //因为要用到左右移函数，所以加入这个
                                  头文件

typedef unsigned int u16;       //对数据类型进行声明定义
typedef unsigned char u8;
sbit beep = P1^5;
/*************************************************
* 函数名：delay
* 函数功能：延时函数，i=1时，大约延时 10 μs
*************************************************/
void delay(u16 i)
```

```
}
while(i--);
}
***************************************************/
* 函数名：main
* 函数功能：主函数
* 输入：无
* 输出：无
***************************************************/
void main()
{
while(1)
{
beep=~beep;                        //翻转 I/O 口电平
delay(100);                        //延时大约 1 ms，通过修改此延时时间，
                                     使其发出不同音调的声音

}
}
```

任务二　SPI 总线通信原理与 DS1302 使用

【知识目标】

❖ 认识 SPI 总线通信引脚含义；

❖ 清楚 SPI 总线通信规则；

❖ 熟悉 SPI 总线通信过程；

❖ 知道实时时钟芯片 DS1302 的引脚含义与特点；

❖ 熟知 DS1302 与单片机 SPI 通信过程。

【能力目标】

❖ 读懂 SPI 总线收发数据时序图；

❖ 复述 SPI 总线通信原理；

❖ 正确连接实时时钟芯片与单片机；

❖ 读懂 DS1302 的 SPI 通信时序图；

❖ 设计简易电子钟时间显示硬件电路；

❖ 正确配置 DS1302 寄存器，并编写电子钟时间显示程序。

【任务描述】

利用实时数字时钟芯片 DS1302，通过 SPI 总线通信方式，使单片机与 DS1302 间进行数据交换，从而在数码管上实时显示当前时间。DS1302 中初始时间设置为"2021 年 5 月 1 日星期六 12 点 00 分 00 秒"，数码管上只显示时间，格式为"××-××-××"。

一、单片机通信的概念

通信的方式有很多种：按照数据传送方式，可分为串行通信和并行通信；按照通信的数据同步方式，可分为异同通信和同步通信；按照数据的传输方向，又可分为单工通信、半双工通信和全双工通信。下面简单介绍这几种通信方式。

1. 串行通信

串行通信是指使用一条数据线，将数据一位一位地传输，每一位数据占据一个固定的时间长度。其只需要几条线就可以在系统间交换信息，特别适用于计算机与计算机、计算机与外设之间的远距离通信。串行通信示意图如图 5-4 所示。

图 5-4　串行通信示意图

串行通信的特点：传输线少，长距离传送时成本低，且可以利用电话网等现成的设备，但数据的传送控制比并行通信复杂。

2. 并行通信

并行通信通常是将数据字节的各位用多条数据线同时进行传送，通常是 8 位、16 位、32 位等数据一起传输。并行通信示意图如图 5-5 所示。

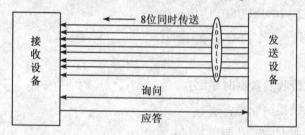

图 5-5　并行通信示意图

并行通信的特点：控制简单、传输速度快；由于传输线较多，长距离传送时，不太稳定，容易丢失数据。

3.异步通信

异步通信是指通信的发送与接收设备使用各自的时钟控制数据的发送和接收过程。为使双方的收发协调，要求发送和接收设备的时钟尽可能一致。

异步通信是以字符（构成的帧）为单位进行传输的，字符与字符之间的间隙（时间间隔）是任意的，但每个字符中的各位是以固定的时间传送的。即字符之间不一定有"位间隔"的整数倍的关系，但同一字符内的各位之间的距离均为"位间隔"的整数倍。异步通信数据格式如图 5-6 所示。

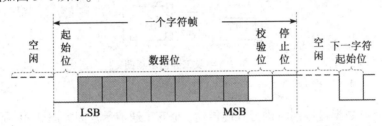

图 5-6　异步通信数据格式

异步通信的特点：不要求收发双方时钟的严格一致，实现容易，设备开销较小；但每个字符要附加 2~3 位，以用于起止位，各帧之间还有间隔，因此，传输效率不高。

4.同步通信

同步通信时，要建立发送方时钟对接收方时钟的直接控制，使双方达到完全同步。此时，传输数据的位之间的距离均为"位间隔"的整数倍，同时传送的字符间不留间隙，既保持位同步关系，又保持字符同步关系。发送方对接收方的同步可以通过外同步和内同步两种方法实现，如图 5-7 所示。

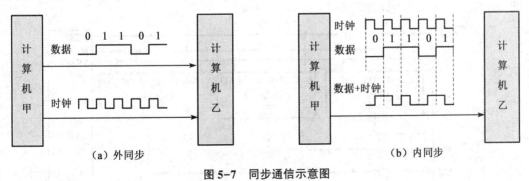

（a）外同步　　　　　　　　　　（b）内同步

图 5-7　同步通信示意图

5.单工通信

单工是指数据传输仅能沿一个方向，不能实现反向传输。单工通信示意图如图 5-8 所示。

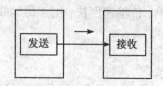

图5-8 单工通信示意图

6.半双工通信

半双工是指数据传输可以沿两个方向，但需要分时进行。半双工通信示意图如图5-9所示。

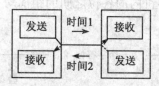

图5-9 半双工通信示意图

7.全双工通信

全双工是指数据可以同时进行双向传输。全双工通信示意图如图5-10所示。

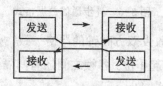

图5-10 全双工通信示意图

二、SPI 总线通信原理

SPI（serial peripheral interface，串行外围设备接口）是一种高速的、全双工、同步串行通信总线。其总线结构图如图 5-11 所示。

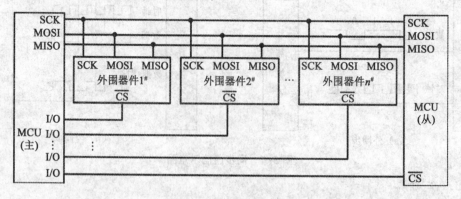

图5-11 SPI 总线结构图

标准的 SPI 仅使用 4 个引脚，常用于单片机和 EEPROM、FLASH、实时时钟、数字信号处理器等器件的通信。SPI 通信主要是主从方式通信，这种模式通常只有一个主机和一个或多个从机，标准的 SPI 是 4 根线，分别是 SSEL（片选，也写作 SCS）、SCLK（时钟，也写作 SCK）、MOSI（master output/slave input，主机输出/从机输入）和 MISO（master input/slave output，主机输入/从机输出）。主从机通信方式示意图如图 5-12 所示。

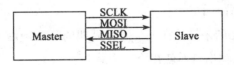

图 5-12 主从机通信方式示意图

其各引脚含义如下。

① SSEL：从设备片选使能信号。如果从设备是低电平使能，当拉低这个引脚后，从设备就会被选中，主机和这个被选中的从机进行通信。

② SCLK：时钟信号，由主机产生。

③ MOSI：主机给从机发送指令或数据的通道。

④ MISO：主机读取从机的状态或数据的通道。

在某些情况下，也可以用 3 根线的 SPI 或 2 根线的 SPI 进行通信。比如，在主机只给从机发送命令，从机不需要回复数据的时候，就可以不要 MISO；而在主机只读取从机的数据，不需要给从机发送指令的时候，就可以不要 MOSI；当一个主机、一个从机时，从机的片选有时可以固定为有效电平而一直处于使能状态，就可以不要 SSEL；此时如果再加上主机只给从机发送数据，那么 SSEL 和 MISO 都可以不要；如果主机只读取从机送来的数据，那么 SSEL 和 MOSI 都可以不要。3 线和 2 线的 SPI 实际上也会应用，但是当提及 SPI 时，一般都是指标准 SPI，即 4 根线的 SPI。

SPI 通信的主机就是单片机，在读写数据时序的过程中，有四种工作模式，要了解这四种模式。首先要理解下面两个名词。

① CPOL：clock polarity，即时钟的极性。通信的整个过程分为空闲时刻和通信时刻，如果 SCLK 在数据发送之前和之后的空闲状态是高电平，那么 CPOL=1；如果空闲状态 SCLK 是低电平，那么 CPOL=0。

② CPHA：clock phase，即时钟的相位。

主机和从机要交换数据，就牵涉到一个问题，即主机在什么时刻输出数据到 MOSI 上，而从机在什么时刻采样这个数据，或者从机在什么时刻输出数据到 MISO 上，而主机什么时刻采样这个数据。同步通信的一个特点就是所有数据的变化和采样都是伴随着时钟沿进行的，也就是说，数据总是在时钟的边沿附近变化或被采样。而一个时钟周期必定包含一个上升沿和一个下降沿，这是周期的定义所决定的，只是这两个沿的先后并无规定。又因为数据从产生的时刻到稳定是需要一定时间的，所以如果主机在上升沿输出数据到 MOSI 上，从机就只能在下降沿去采样这个数据；反之，如果一方在下降沿输出数据，那么另一方就必须在上升沿采样这个数据。

CPHA=1，表示数据的输出是在一个时钟周期的第一个沿上，至于这个沿是上升沿还是下降沿，这要视 CPOL 的值而定：CPOL=1 是下降沿；反之，就是上升沿。那么数据的采样自然就在第二个沿上了。

CPHA=0，表示数据的采样是在一个时钟周期的第一个沿上，它是什么沿也同样由 CPOL 决定。那么数据的输出自然就在第二个沿上了。

仔细想一下，这里有一个问题：当一帧数据开始传输第一位时，在第一个时钟沿上就采样该数据了，那么它是在什么时候输出的呢？有两种情况：一是 SSEL 使能的边沿，二是上一帧数据的最后一个时钟沿。有时这两种情况还会同时生效。

以 CPOL=1/CPHA=1 为例，数据传输模式 1 时序图如图 5-13 所示。

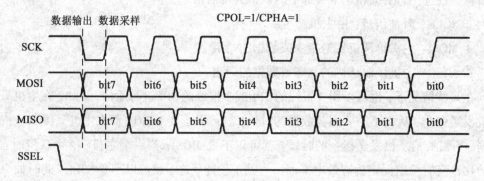

图 5-13　数据传输模式 1 时序图

如图 5-13 所示，当数据未发送时及发送完毕后，SCK 都是高电平，因此 CPOL=1。可以看出，在 SCK 第一个沿的时候，MOSI 和 MISO 会发生变化；同时在 SCK 第二个沿的时候，数据是稳定的，此刻采样数据是合适的，也就是上升沿为一个时钟周期的后沿锁存读取数据，即 CPHA=1。注意：最后最隐蔽的 SSEL 片选，这个引脚通常用来决定是哪个从机和主机进行通信。

以此类推，剩余的三种模式如图 5-14 所示，为简化表示，将把 MOSI 和 MISO 合在一起。

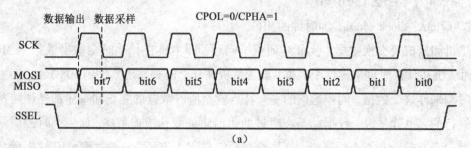

(a)

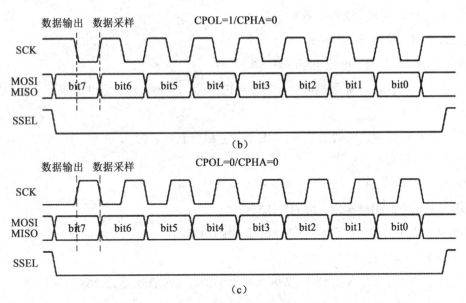

图 5-14 数据传输剩余三种模式时序图

三、DS1302 实时时钟芯片

1.DS1302 实时时钟芯片介绍

DS1302 是 DALLAS 公司推出的涓流充电时钟芯片，内含一个实时时钟/日历和 31 B 静态 RAM，通过简单的串行接口与单片机进行通信。实时时钟/日历电路提供秒、分、时、日、周、月、年的信息，每月的天数和闰年的天数可自动调整。时钟操作可通过 AM/PM 指示决定采用 24 小时或 12 小时格式。DS1302 与单片机之间能简单地采用同步串行的方式进行通信，仅需用到 3 根通信线：CE 使能线、I/O 口数据线、SCLK 串行时钟线。DS1302 与单片机的通信方式采用变异的 SPI 总线通信。为什么由变异的 SPI 总线通信呢？实际上，从 DS1302 的引脚来看，其通信方式与 SPI 通信比较类似，但还不完全遵循 SPI 通信，所以称为变异的 SPI 总线通信，其时钟/日历 RAM 的读/写数据以 1 B 或多达 31 B 的字符组方式通信。DS1302 工作时功耗很低，保持数据和时钟信息时功率小于 1 mW。

DS1302 由 DS1202 改进而来，增加了以下特性：双电源引脚用于主电源和备份电源供应，$V_{CC}1$ 为可编程涓流充电电源，附加 7 B 存储器。它被广泛地应用于电话、传真、便携式仪器及电池供电的仪器、仪表等产品领域。

DS1302 时实时钟主要的性能指标如下。

① 实时时钟具有能计算 2100 年之前的秒、分、时、日、周、月、年的能力，还有闰年调整的能力。

② 31 个 8 位暂存数据存储 RAM。

③ 串行 I/O 口方式使得引脚数量最少。

④ 宽范围工作电压：2.0~5.5 V。

⑤工作在 2.0 V 时，电流小于 300 mA。

⑥ 读/写时钟或 RAM 数据时，有两种传送方式，即单字节传送和多字节传送字符组方式。

⑦ 8 脚 DIP 封装或可选的 8 脚 SOIC 封装，根据表面装配。

⑧ 简单 3 线接口。

⑨ 与 TTL 兼容，$V_{CC} = 5$ V。

⑩ 可选工业级温度范围，为 -40~85 ℃。

DS1302 芯片引脚图如图 5-15 所示，各引脚功能如下。

① 1 脚：$V_{CC}2$ 主用电源引脚。

② 2 脚、3 脚：X1，X2。DS1302 外部晶振引脚，通常需外接 32.768 kHz 晶振。

③ 4 脚：GND 电源地。

④ 5 脚：CE 使能引脚，也是复位引脚。

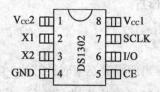

图 5-15　DS1302 芯片引脚图

⑤ 6 脚：I/O 口串行数据引脚，数据输出或输入都经过这个引脚。

⑥ 7 脚：SCLK 串行时钟引脚。

⑦ 8 脚：$V_{CC}1$ 备用电源。

2.DS1302 的使用

操作 DS1302 的大致过程，就是首先将单片机上的各种数据写入 DS1302 的寄存器，以设置它当前时间的格式；然后使 DS1302 开始运行，DS1302 时钟会按照设置情况运转，用单片机将其寄存器内的数据读出；最后用液晶显示，即用简易电子钟显示。所以，DS1302 的操作分两步：一是将数据写入寄存器；二是读出 DS1302 寄存器内的数据。而显示部分属于液晶显示的内容，不属于 DS1302 本身的内容，但是在讲述操作时序之前，首先要了解 DS1302 的寄存器。DS1302 有 1 个控制寄存器、12 个日历/时钟寄存器和 31 个 RAM。

（1）控制寄存器。

控制寄存器用于存放 DS1302 的控制命令字，DS1302 的 CE 引脚回到高电平后写入的第一个字节即控制命令。它用于对 DS1302 读写过程进行控制，其格式如表 5-1 所列。

表 5-1　DS1302 控制寄存器格式

7	6	5	4	3	2	1	0
1	RAM/CK	A4	A3	A2	A1	A0	RD/WR

从表 5-1 中可知,第 7 位永远都是 1。第 6 位中,1 表示 RAM,寻址内部存储器地址;0 表示 CK,寻址内部寄存器。第 5 位至第 1 位为 RAM 或寄存器的地址。第 0 位为最低位,高电平表示 RD,即下一步操作将要"读";低电平表示 WR,即下一步操作将要"写"。

(2)日历/时钟寄存器。

DS1302 共有 12 个寄存器,其中 7 个寄存器与日历、时钟相关,存放的数据为 BCD 码形式。表 5-2 为日历/时钟寄存器格式,在编程时要参照该格式设置相应寄存器。

表 5-2　日历/时钟寄存器格式

读寄存器地址	写寄存器地址	BIT 7	BIT 6	BIT 5	BIT4	BIT 3	BIT 2	BIT 1	BIT 0	范围
81h	80h	CH	10 秒	10 秒	10 秒	秒	秒	秒	秒	00~59
83h	82h	0	10 分	10 分	10 分	分	分	分	分	00~59
85h	84h	12/24	0	10AM/PM	10 小时	小时				1~12/0~23
87h	86h	0	0	10 日	10 日	日	日	日	日	1~31
89h	88h	0	0	0	10 月	月	月	月	月	1~12
88h	BAh	0	0	0	0	周	周	周		1~7
8Dh	8Ch	10 年	10 年	10 年	10 年	年	年	年	年	00~99
AFh	8Eh	WP	0	0	0	0	0	0	0	
91h	90h	TCS	TCS	TCS	TCS	DS	DS	RS	RS	

下面对几个寄存器做以下说明。

① 秒寄存器:读寄存器地址为 81h,写寄存器地址为 80h,注意读和写的寄存器地址是不同的,其他寄存器也一样。秒寄存器低 4 位为秒的个位数字(0~9),高的次 3 位为秒的十位数字(0~5)。最高位 CH 为 DS1302 的运行标志,当 CH = 0 时,DS1302 内部时钟运行;反之,CH = 1 时,DS1302 内部时钟停止运行。如果最高位是 0,那么说明时钟芯片在系统掉电后,由于备用电源的供给,时钟是持续正常运行的;如果最高位是 1,那么说明时钟芯片在系统掉电后,时钟部分不工作。可以通过最高位判断时钟在单片机系统掉电后是否还能正常运行。其他位中,第 4 位至第 6 位为秒的十位 BCD 码,第 0 位至第 3 位为秒的个位 BCD 码,由于秒的十位最高是 5,所以 3 位 BCD 码就足够了。

② 分寄存器:最高位固定为 0,第 4 位至第 6 位为分的十位 BCD 码,第 0 位至第 3 位为分的个位 BCD 码,其原理与秒寄存器的相同。

③ 小时寄存器:最高位为 12/24 小时的格式选择位,该位为 1 时表示 12 小时格式。

当设置为 12 小时显示格式时，第 5 位如果是高电平，表示下午(PM)；如果是低电平，表示上午(AM)。此时第 4 位为小时的十位具体数字(0 或 1)。而当设置为 24 小时格式时，第 5 位为具体的时间数据，与第 4 位一起组成小时的十位(0，1，2)。

④ 日寄存器：第 4 位和第 5 位为日的十位数字(0~3)，其余低 4 位为日的个位数字(0~9)。

⑤ 月寄存器：第 4 位为月的十位数字(0~1)，其余低 4 位为月的个位数字(1~9)。

⑥ 年寄存器：高 4 位为年的十位数字(0~9)，低 4 位为年的个位数字(0~9)。需要注意的是，这里的 00~99 指的是 2000—2099 年。

⑦ 写保护寄存器：当该寄存器最高位 WP=1 时，DS1302 开启写保护，只读不写；当该寄存器最高位 WP=0 时，禁止写保护，DS1302 只写不读。所以要在向 DS1302 写数据之前确保 WP=0。

⑧ 慢充电寄存器(涓细电流充电)寄存器：当 DS1302 掉电时，可以马上调用外部电源保护时间数据，该寄存器就是配置备用电源的充电选项的。其中，高 4 位(4 个 TCS)只有在 1010 的情况下才能使用充电选项；低 4 位的情况与 DS1302 内部电路有关。

前面提到在日历/时钟寄存器中，都是以 BCD 码存放数据。那么 BCD 码是什么呢？前面已经提到，BCD 码是通过 4 位二进制码来表示 1 位十进制中的 0~9 这 10 个数码，如表 5-3 所示。

表 5-3   0~9 的 BCD 码

数字	BCD 码	数字	BCD 码
0	0000	5	0101
1	0001	6	0110
2	0010	7	0111
3	0011	8	1000
4	0100	9	1001

所以从 DS1302 中读取出来的时钟数据均为 BCD 码格式，此时需转换为习惯的十进制数。

(3)DS1302 的读写时序。

单片机向 DS1302 写入单字节数据的操作过程如下：在每一个 SCLK 时钟的上升沿时，数据被写入 DS1302，DS1302 采样数据，数据均从低位(0 位)开始写；同时，在一个 SCLK 脉冲的下降沿时，单片机发送数据到 DS1302，发送数据(写数据)时从低位 0 位到高位 7 位。此时需要注意的是，单片机在进行写数据操作时，都要预先向 DS1302 写入可控制命令字，指明写入数据的寄存器地址及写操作，再写入具体的数据，2 B 的数据配合 16 个上升沿将数据写入即可。单字节写操作时序图如图 5-16 所示。

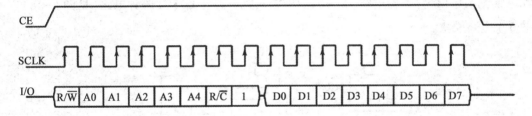

图 5-16　单字节写操作时序图

单字节写操作时序编写程序时,需要注意以下四个方面:

① 要记得在操作 DS1302 之前关闭写保护;

② 注意用延时来降低单片机的速度以配合器件时序;

③ DS1302 的数据是 BCD 码形式,要转换成习惯的十进制数;

④ 在写程序时,建议实现开辟数组(内存空间)来集中放置 DS1302 的一系列数据,方便以后扩展键盘输入。

下面介绍单片机读出 DS1302 单字节数据的操作过程。图 5-17 为 DS1302 的单字节读操作时序图。注意:读之前也要先对 DS1302 的寄存器写控制字命令,指明读数据的寄存器地址与读操作,从最低位开始写。从图 5-17 中可以看到,写寄存器地址数据是在 SCLK 的上升沿实现的,而读寄存器内的数据是在 SCLK 的下降沿实现的,这就是读操作中既有向上箭头又有向下箭头的原因。所以,在单字节读操作时序图中,写命令的第 8 个上升沿结束后,紧接着的第 8 个下降沿就将要读寄存器的第 1 位数据读到数据线上了,这就是 DS1302 读操作中最特别的地方,当然读数据也是从最低位开始。另外,还需要注意的是,51 单片机没有标准的 SPI 接口,所以这些通信过程中的读、写操作都是用 I/O 口模拟通信过程。所以数据的读取和时钟沿的变化不可能同步进行,必然就有一个先后顺序,一般按照先读取 I/O 口数据,再拉高 SCLK 产生上升沿的顺序进行。最后在读写过程中,RST 要保持高电平,一次读写完毕之后,要注意把 RST 返回低电平,以准备下次读写操作。

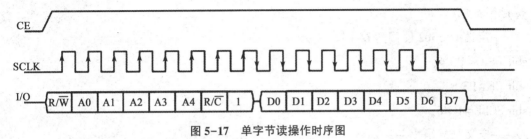

图 5-17　单字节读操作时序图

四、DS1302 简易电子钟硬件电路设计

DS1302 简易电子钟硬件电路包括 STC89C52 单片机最小系统硬件电路、74HC245 驱

动电路、74HC138 译码器电路、8 位共阴极数码管电路、DS1302 时钟电路(见图 5-18)，共 5 个电路模块。

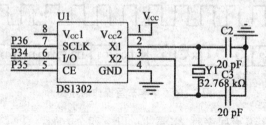

图 5-18　DS1302 时钟电路图

五、C 语言程序设计

简易电子钟系统 C 语言程序包括主函数、时间读取处理函数、数码管显示函数、DS1302 驱动函数。各函数 C 语言程序如下。

1.DS1302.H

```
#ifndef_DS1302_H_
#define_DS1302_H_
//---包含头文件---//
#include<reg52.h>
#include<intrins.h>
//---重定义关键词---//
#ifndef uchar
#define uchar unsigned char
#endif
#ifndef uint
#define uint unsigned int
#endif
//---定义 DS1302 使用的 I/O 口---//
sbit DSIO = P3^4;
sbit CE = P3^5;
sbit SCLK = P3^6;
//---定义全局函数---//
void Ds1302Write(uchar addr, uchar dat);
uchar Ds1302Read(uchar addr);
void Ds1302Init();
```

```
void Ds1302ReadTime( );
//---加入全局变量--//
extern uchar TIME[7];                       //加入全局变量
#endif
```

　　2. main.c

```
#include"reg52.h"              //此文件中定义了单片机的一些特殊功
                                能寄存器

#include"ds1302.h"

typedef unsigned int u16;       //对数据类型进行声明定义

typedef unsigned char u8;
sbit LSA=P2^2;
sbit LSB=P2^3;
sbit LSC=P2^4;


char num=0;
u8 DisplayData[8];
u8 code smgduan[10]={0x3f, 0x06, 0x5b, 0x4f, 0x66, 0x6d, 0x7d, 0x07, 0x7f, 0x6f};
/*****************************************
* 函数名：delay(u16 i)
* 函数功能：延时函数，i=1时，大约延时 10 μs
******************************************/
void delay(u16 i)
{
    while(i--);
}
/*****************************************
* 函数名：datapros( )
* 函数功能：时间读取处理转换函数
* 输入：无
* 输出：无
******************************************/
void datapros( )
{
```

```
        Ds1302ReadTime();
        DisplayData[0]=smgduan[TIME[2]/16];          //时的十位
        DisplayData[1]=smgduan[TIME[2]&0x0f];        //时的个位
        DisplayData[2]=0x40;                         //向数码管送形"-"
        DisplayData[3]=smgduan[TIME[1]/16];          //分的十位
        DisplayData[4]=smgduan[TIME[1]&0x0f];        //分的个位
        DisplayData[5]=0x40;                         //向数码管送形"-"
        DisplayData[6]=smgduan[TIME[0]/16];          //秒的十位
        DisplayData[7]=smgduan[TIME[0]&0x0f];        //秒的个位
}
void datapros1()
{
        DisplayData[0]=smgduan[clock[2]/16];         //闹钟的时
        DisplayData[1]=smgduan[clock[2]&0x0f];
        DisplayData[2]=0x40;
        DisplayData[3]=smgduan[clock[1]/16];         //闹钟的分
        DisplayData[4]=smgduan[clock[1]&0x0f];
        DisplayData[5]=0x40;
        DisplayData[6]=smgduan[clock[0]/16];         //闹钟的秒
        DisplayData[7]=smgduan[clock[0]&0x0f];
    }
/*********************************************
*  函数名：DigDisplay()
*  函数功能：数码管显示函数
*  输入：无
*  输出：无
**********************************************/
void DigDisplay()
{
    u8 i;
    for(i=0; i<8; i++)
    {
        switch(i)                                    //位选，选择点亮的数码管
        {
```

```
        case(0):
            LSA = 1; LSB = 1; LSC = 1; break;    //显示第0位
        case(1):
            LSA = 0; LSB = 1; LSC = 1; break;    //显示第1位
        case(2):
            LSA = 1; LSB = 0; LSC = 1; break;    //显示第2位
        case(3):
            LSA = 0; LSB = 0; LSC = 1; break;    //显示第3位
        case(4):
            LSA = 1; LSB = 1; LSC = 0; break;    //显示第4位
        case(5):
            LSA = 0; LSB = 1; LSC = 0; break;    //显示第5位
        case(6):
            LSA = 1; LSB = 0; LSC = 0; break;    //显示第6位
        case(7):
            LSA = 0; LSB = 0; LSC = 0; break;    //显示第7位
        }
        P0 = DisplayData[i];                      //发送数据
        delay(100);                              //间隔一段时间扫描
        P0 = 0x00;                               //消隐
    }
}
/* * * * * * * * * * * * * * * * * * * * * * * * * * * * * * * * * * *
 * 函数名: main()
 * 函数功能: 主函数
 * 输入: 无
 * 输出: 无

 * * * * * * * * * * * * * * * * * * * * * * * * * * * * * * * * * * */
void main()
{
    Ds1302Init();                        //第一次初始化后就可以注释该条
语句, 这样下次重启就不会再次初始化了
    while(1)
    {
```

```
        datapros( );                              //数据处理函数
        DigDisplay( );                            //数码管显示函数
    }
}
```

3.DS1302.c

```
#include" ds1302.h"
```

//---DS1302 写入和读取时、分、秒的地址命令---//

//---秒、分、时、日、月、周、年, 最低位读写位---//

```
uchar code READ_RTC_ADDR[7] = {0x81, 0x83, 0x85, 0x87, 0x89, 0x8b, 0x8d};
uchar code WRITE_RTC_ADDR[7] = {0x80, 0x82, 0x84, 0x86, 0x88, 0x8a, 0x8c};
```

//---DS1302 时钟初始化为"2021 年 5 月 1 日星期六 12 点 00 分 00 秒"---//

//---存储顺序是秒、分、时、日、月、周、年, 存储格式是用 BCD 码---//

```
uchar TIME[7] = {0, 0, 0x12, 0x01, 0x05, 0x06, 0x21};
/* * * * * * * * * * * * * * * * * * * * * * * * * * * * * * * * * * * * * *
* 函数名：Ds1302Write( uchar addr, uchar dat)
* 函数功能：向 DS1302 命令( 地址+数据)
* 输入：addr, dat
* 输出：无
* * * * * * * * * * * * * * * * * * * * * * * * * * * * * * * * * * * * * * * */
void Ds1302Write( uchar addr, uchar dat)
{
    uchar n;
    CE = 0;                                       //将使能端置低电平
    _nop_( );
    SCLK = 0;                                     //将 SCLK 置低电平
    _nop_( );
    CE = 1;                                       //将 CE 置高电平
    _nop_( );
    for ( n = 0; n < 8; n++)                      //开始传送写入 8 位地址命令
    {
        DSIO = addr & 0x01;                       //寄存器控制字数据从低位开始
                                                  //传送
        addr >>= 1;                               //数据右移一位
```

```
        SCLK = 1;                         //数据在时钟上升沿时，DS1302
                                            读取数据

        _nop_();
        SCLK = 0;                         //时钟拉低复位
        _nop_();
    }
    for (n=0; n<8; n++)                   //向 DS1302 写入 8 位数据
    {
        DSIO = dat & 0x01;                //8 位数据也从低位开始传送
        dat >>= 1;                        //数据右移一位
        SCLK = 1;                         //数据在上升沿时，DS1302 读取
                                            数据

        _nop_();
        SCLK = 0;                         //时钟拉低复位
        _nop_();
    }
    CE = 0;                               //传送数据结束
    _nop_();
}
/* * * * * * * * * * * * * * * * * * * * * * * * * * * * * * * * * * *
* 函数名：Ds1302Read(uchar addr)
* 函数功能：读取一个地址的数据
* 输入：addr
* 输出：dat
* * * * * * * * * * * * * * * * * * * * * * * * * * * * * * * * * * * */
uchar Ds1302Read(uchar addr)
{
    uchar n, dat, dat1;                   //定义 n 个数，dat
    CE = 0;                               //将使能端置低电平
    _nop_();
    SCLK = 0;                             //将 SCLK 置低电平
    _nop_();
    CE = 1;                               //将 RST(CE)置高电平
    _nop_();
```

```
    for(n=0; n<8; n++)                              //开始传送写入8位寄存器地址
                                                      命令

    {
        DSIO = addr & 0x01;                         //数据从低位开始传送
        addr >>= 1;                                 //数据右移一位
        SCLK = 1;                                   //数据在上升沿时，DS1302采
                                                      样数据

        _nop_();
        SCLK = 0;                                   //DS1302下降沿时，放置数据
        _nop_();
    }
    _nop_();
    for(n=0; n<8; n++)                              //读取DS1302中的8位数据
    {
        dat1 = DSIO;                                //从最低位开始接收
        dat = (dat>>1) | (dat1<<7);                 //读出8位dat数据
        SCLK = 1;                                   //数据在上升沿时，单片机读
                                                      DS1302数据

        _nop_();
        SCLK = 0;                                   //DS1302下降沿时，放置数据
        _nop_();
    }
    CE = 0;                                         //将使能端置低电平
    _nop_();                                        //以下为DS1302复位的稳定时间，
                                                      必须有

    SCLK = 1;
    _nop_();
    DSIO = 0;                                       //将I/O口置0
    _nop_();
    DSIO = 1;                                       //将I/O口置1
    _nop_();
    return dat;                                     //将读出的数据返回
}
/*************************************************
```

```
 *  函数名：Ds1302Init( )
 *  函数功能：初始化 DS1302
 *  输入：无
 *  输出：无
 * * * * * * * * * * * * * * * * * * * * * * * * * * * * * * * * * * * */
void Ds1302Init( )
{
    uchar n;
    Ds1302Write(0x8e, 0x00);                    //禁止写保护，就是关闭写保护
                                                  功能，控制字为 0x8e

    for ( n=0; n<7; n++)                        //写入 7 B 的时钟信号：分、秒、
                                                  时、日、月、周、年

    {
        Ds1302Write( WRITE_RTC_ADDR[n], TIME[n]);
                                                //向 DS1302 的寄存器地址中写
                                                  入数据

    }
    Ds1302Write(0x8e, 0x80);                    //打开写保护功能

}
/* * * * * * * * * * * * * * * * * * * * * * * * * * * * * * * * * * * *
 *  函数名：Ds1302ReadTime( )
 *  函数功能：读取时钟信息
 *  输入：无
 *  输出：无
 * * * * * * * * * * * * * * * * * * * * * * * * * * * * * * * * * * * */
void Ds1302ReadTime( )
{
    uchar n;
    for ( n=0; n<7; n++)                        //读取 7 B 的时钟信号：分、秒、
                                                  时、日、月、周、年

    {
        TIME[n] =Ds1302Read( READ_RTC_ADDR[n]);
                                                //读取 DS1302 相应寄存器地址
                                                  中的数据，重新存入 TIME[n]
```

中, 更新数据

任务三　多功能电子钟设计

【知识目标】

❖ 熟知 DS1302 时钟芯片读写数据过程;

❖ 记住 BCD 码转换成十进制数的方法;

❖ 了解数码管、键盘、蜂鸣器、DS1302 时钟芯片的综合应用技术。

【能力目标】

❖ 能够将 DS1302 时钟芯片应用于多功能电子钟的制作;

❖ 熟练运用数码管、键盘, 结合时钟芯片实时显示、调整时间;

❖ 设计多功能电子钟硬件电路、编写多功能电子钟的 C 语言程序。

【任务描述】

多功能电子钟系统实现的功能如下。

(1)8 位数码管时间实时显示, 显示格式为"××-××-××"。每隔 50 ms 显示一次。

(2)时间设置调整功能, 4 个按键分别为功能键、增加键、减小键、闹钟键。按下功能键, 电子钟则进入时间设置调整功能: 第一次按下功能键时, 进入秒设置, 再按下增加键或减小键调节秒的大小; 第二次按下功能键时, 进入分设置, 再按下增加键或减小键调节分的大小; 第三次按下功能键时, 进入时的设置; 第四次按下功能键时, 恢复时间显示。每次按下按键时蜂鸣器发声。

(3)闹钟设置功能。第一次按下闹钟键时, 进入时的定时设置, 显示"00-00-00", 按下增加键或减小键, 可调节时的定时时间; 第二次按下闹钟键时, 进入分的定时设置, 按下增加键或减小键, 调节分的定时时间; 第三次按下闹钟键时, 进入秒的定时设置, 按下增加键或减小键, 调节秒的定时时间。每次按下按键时, 蜂鸣器发声。

(4)闹钟定时时间到达时, 蜂鸣器发声, 一段时间后, 蜂鸣器停止发声。

一、多功能电子钟系统硬件电路设计

多功能电子钟系统硬件电路包括 STC89C52 单片机最小系统硬件电路、74HC245 驱

动电路、74HC138 译码器电路、8 位共阴极数码管电路、DS1302 时钟电路、独立按键电路(见图 5-19)，共 6 个电路模块。

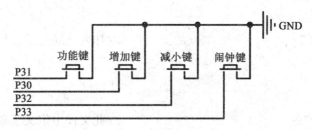

图 5-19　独立按键电路原理图

二、C 语言程序设计

多功能电子钟系统 C 语言程序包括主函数、时间处理函数、数码管显示函数、DS1302 驱动函数、蜂鸣器函数、键盘扫描函数、初始化函数、中断函数。各函数模块 C 语言程序如下。

1.DS1302.H

```
#ifndef_DS1302_H_
#define_DS1302_H_
//---包含头文件---//
#include<reg52.h>
#include<intrins.h>
//---重定义关键词---//
#ifndef uchar
#define uchar unsigned char
#endif
#ifndef uint
#define uint unsigned int
#endif
//---定义 DS1302 使用的 I/O 口---//
sbit DSIO = P3^4;
sbit CE = P3^5;
sbit SCLK = P3^6;
//---定义全局函数---//
void Ds1302Write(uchar addr, uchar dat);
uchar Ds1302Read(uchar addr);
```

```
void Ds1302Init( );
void Ds1302ReadTime( );
//---加入全局变量--//
extern uchar TIME[7];                    //加入全局变量
#endif
```

2.main.c 文件

```
#include" reg52.h"                        //此文件中定义了单片机的一些特殊
                                           功能寄存器

#include" ds1302.h"
typedef unsigned int u16;                 //对数据类型进行声明定义
typedef unsigned char u8;
sbit LSA = P2^2;                          //译码器位选
sbit LSB = P2^3;                          //译码器位选
sbit LSC = P2^4;                          //译码器位选
sbit key1 = P3^1;                         //功能键
sbit key2 = P3^0;                         //增加键
sbit key3 = P3^2;                         //减小键
sbit key4 = P3^3;                         //闹钟键
sbit buzzer = P1^5;                       //蜂鸣器
char clock1[3] = {0};                     //闹钟时间
int i, j = 0, flag1 = 0;
void init( )                              //初始化
{
    TMOD = 0x01;
    TH0 = (65536-50000)/256;             //50 ms 初值
    TL0 = (65536-50000)%256;
    EA = 1;
    ET0 = 1;
    TR0 = 1;
}
char num = 0;
u8 DisplayData[8];
u8 DisplayData1[8];
```

```
u8 code smgduan[10] = {0x3f, 0x06, 0x5b, 0x4f, 0x66, 0x6d, 0x7d, 0x07, 0x7f, 0x6f};
/*************************************************
* 函数名：delay(ulb i)
* 函数功能：延时函数，i=1时，大约延时10 μs
*************************************************/
void delay(u16 i)
{
    while(i--);
}
/*************************************************
* 函数名：datapros()
* 函数功能：时间读取处理转换函数
* 输入：无
* 输出：无
*************************************************/
void datapros()
{
    Ds1302ReadTime();
    DisplayData[0] = smgduan[TIME[2]/16];      //时的十位
    DisplayData[1] = smgduan[TIME[2]&0x0f];    //时的个位
    DisplayData[2] = 0x40;                      //向数码管送"-"
    DisplayData[3] = smgduan[TIME[1]/16];      //分的十位
    DisplayData[4] = smgduan[TIME[1]&0x0f];    //分的个位
    DisplayData[5] = 0x40;                      //向数码管送"-"
    DisplayData[6] = smgduan[TIME[0]/16];      //秒的十位
    DisplayData[7] = smgduan[TIME[0]&0x0f];    //秒的个位
}
/*************************************************
* 函数名：datapros1()
* 函数功能：闹钟时间读取处理转换函数
* 输入：无
* 输出：无
*************************************************/
void datapros1()
```

```
{
    DisplayData1[0]=smgduan[clock[2]/16];      //闹钟的时
    DisplayData1[1]=smgduan[clock[2]&0x0f];
    DisplayData1[2]=0x40;
    DisplayData1[3]=smgduan[clock[1]/16];      //闹钟的分
    DisplayData1[4]=smgduan[clock[1]&0x0f];
    DisplayData1[5]=0x40;
    DisplayData1[6]=smgduan[clock[0]/16];      //闹钟的秒
    DisplayData1[7]=smgduan[clock[0]&0x0f];
}
/******************************************
* 函数名：DigDisplay()
* 函数功能：数码管显示函数
* 输入：无
* 输出：无
******************************************/
void DigDisplay()
{
    u8 i;
    for(i=0; i<8; i++)
    {
        switch(i)                           //位选，选择点亮的数码管
        {
        case(0):
            LSA=1; LSB=1; LSC=1; break;      //显示第0位
        case(1):
            LSA=0; LSB=1; LSC=1; break;      //显示第1位
        case(2):
            LSA=1; LSB=0; LSC=1; break;      //显示第2位
        case(3):
            LSA=0; LSB=0; LSC=1; break;      //显示第3位
        case(4):
            LSA=1; LSB=1; LSC=0; break;      //显示第4位
        case(5):
```

```
        LSA = 0; LSB = 1; LSC = 0; break;        //显示第 5 位
    case(6):
        LSA = 1; LSB = 0; LSC = 0; break;        //显示第 6 位
    case(7):
        LSA = 0; LSB = 0; LSC = 0; break;        //显示第 7 位
    }
    P0 = DisplayData[i];                         //发送数据
    delay(100);                                  //间隔一段时间扫描
    P0 = 0x00;                                   //消隐
    }
}
```

3.DS1302.c

```
#include "ds1302.h"
//---DS1302写入和读取时、分、秒的地址命令---//
//---分、秒、时、日、月、周、年, 最低位读写位---//
uchar code READ_RTC_ADDR[7] = {0x81, 0x83, 0x85, 0x87, 0x89, 0x8b, 0x8d};
uchar code WRITE_RTC_ADDR[7] = {0x80, 0x82, 0x84, 0x86, 0x88, 0x8a, 0x8c};
//---DS1302时钟初始化为"2021年5月1日星期六12点00分00秒"---//
//---存储顺序是秒、分、时、日、月、周、年, 存储格式是用BCD码---//
uchar TIME[7] = {0, 0, 0x12, 0x01, 0x05, 0x06, 0x21};
/* * * * * * * * * * * * * * * * * * * * * * * * * * * * * * * * *
 * 函数名: Ds1302Write(uchar addr, uchar dat)
 * 函数功能: 向DS1302命令(地址+数据)
 * 输入: addr, dat
 * 输出: 无
 * * * * * * * * * * * * * * * * * * * * * * * * * * * * * * * * * */
void Ds1302Write(uchar addr, uchar dat)
{
    uchar n;
    CE = 0;                                      //将使能端置低电平
    _nop_();
    SCLK = 0;                                    //将SCLK置低电平
    _nop_();
```

```
    CE=1;                                   //将 CE 置高电平
    _nop_();
    for (n=0; n<8; n++)                     //开始传送写入 8 位地址命令
    {
        DSIO=addr & 0x01;                   //寄存器控制字数据从低位开始传送
        addr >>= 1;                         //数据右移一位
        SCLK=1;                             //数据在时钟上升沿时, DS1302 读取
                                              数据

        _nop_();
        SCLK=0;                             //时钟拉低复位
        _nop_();
    }
    for (n=0; n<8; n++)                     //向 DS1302 写入 8 位数据
    {
        DSIO=dat & 0x01;                    //8 位数据也从低位开始传送
        dat >>= 1;                          //数据右移一位
        SCLK=1;                             //数据在上升沿时, DS1302 读取数据
        _nop_();
        SCLK=0;                             //时钟拉低复位
        _nop_();
    }
    CE=0;                                   //传送数据结束
    _nop_();
}
/*******************************************
* 函数名: Ds1302Read(uchar addr)
* 函数功能: 读取一个地址的数据
* 输入: addr
* 输出: dat
*******************************************/
uchar Ds1302Read(uchar addr)
{
    uchar n, dat, dat1;                     //定义 n 个数, dat
    CE=0;                                   //将使能端置低电平
```

```
    _nop_();
    SCLK = 0;                                    //将 SCLK 置低电平
    _nop_();
    CE = 1;                                      //将 RST(CE)置高电平
    _nop_();
    for(n = 0; n<8; n++)                         //开始传送写入 8 位寄存器地址命令
    {
        DSIO = addr & 0x01;                      //数据从低位开始传送
        addr >>= 1;                              //数据右移一位
        SCLK = 1;                                //数据在上升沿时, DS1302 采样数据
        _nop_();
        SCLK = 0;                                //DS1302 下降沿时, 放置数据
        _nop_();
    }
    _nop_();
    for(n = 0; n<8; n++)                         //读取 DS1302 中的 8 位数据
    {
        dat1 = DSIO;                             //从最低位开始接收
        dat = (dat>>1) | (dat1<<7);              //读出 8 位 dat 数据
        SCLK = 1;                                //数据在上升沿时, 单片机读 DS1302
                                                 //  数据
        _nop_();
        SCLK = 0;                                //DS1302 下降沿时, 放置数据
        _nop_();
    }
    CE = 0;                                      //将使能端置低电平
    _nop_();                                     //以下为 DS1302 复位的稳定时间, 必
                                                 //  须有
    SCLK = 1;
    _nop_();
    DSIO = 0;                                    //将 I/O 口置 0
    _nop_();
    DSIO = 1;                                    //将 I/O 口置 1
    _nop_();
```

```
    return dat;                              //将读出的数据返回
}
/*************************************
* 函数名: Ds1302Init( )
* 函数功能: 初始化 DS1302
* 输入: 无
* 输出: 无
*************************************/
void Ds1302Init( )
{
    uchar n;
    Ds1302Write(0x8e, 0x00);                 //禁止写保护, 就是关闭写保护功能,
                                             控制字为 0x8e
    for (n=0; n<7; n++)                      //写入 7 B 的时钟信号: 分、秒、时、
                                             日、月、周、年
    {
        Ds1302Write(WRITE_RTC_ADDR[n], TIME[n]);
                                             //向 DS1302 的寄存器地址中写入
                                             数据
    }
    Ds1302Write(0X8E, 0X80);                 //打开写保护功能
}
/*************************************
* 函数名: Ds1302ReadTime( )
* 函数功能: 读取时钟信息
* 输入: 无
* 输出: 无
*************************************/
void Ds1302ReadTime( )
{
    uchar n;
    for (n=0; n<7; n++)                      //读取 7 B 的时钟信号: 分、秒、时、
                                             日、月、周、年
    {
```

TIME[n] = Ds1302Read(READ_RTC_ADDR[n]);
//读取 DS1302 相应寄存器地址中的
数据,重新存入 TIME[n]中,更新
数据

```
    }
}
```

4.蜂鸣器函数

```
/*******************************************
* 函数名:didi()
* 函数功能:蜂鸣器函数
* 输入:
* 输出:无
********************************************/
void didi()                          //发声程序
{
        buzzer = 0;
        delay(50);
        buzzer = 1;
}
```

5.按键扫描函数

```
/*******************************************
* 函数名:keyscan()
* 函数功能:按键扫描函数
* 输入:无
* 输出:无
********************************************/
void keyscan()                       //按键扫描程序
{
    uchar temp, keyn;                //时、分、秒切换标志位
    if(key1 == 0)                    //功能键
        {
        if(key1 == 0)                //消抖
        {
```

```
        while(!key1);
        key1n=key1n++;                              //按下次数，秒、分、时、恢复时间显
                                                      示切换

        if(key1n==5)
            key1n=1;
        switch(key1n)
        {
        case 1：didi();
            temp=(miao)/10*16+(miao)%10;
                                                    //将秒 BCD 码转化成十进制数
                                                      Ds1302Write（0x8e，0x00）；禁止写
                                                      保护

            Ds1302Write（0x80，0x80|temp）；          //时钟暂停
            Ds1302Write（0x8e，0x80）；               //允许写保护
            break；
          case 2：didi();                            //蜂鸣器发声
              break；
          case 3：didi();
              break；
          case 4：didi();
        temp=miao/10*16+miao%10;                     //将秒 BCD 码转化成十进制数
        Ds1302Write(0x8e，0x00)；                     //禁止写保护
        Ds1302Write（0x80，0x00|temp）；              //时钟开始
        Ds1302Write（0x8e，0x80）；                    //允许写保护
        break；
        }
    }
}

    if(key4==0)                                      //闹钟键
      {
      if(key4==0)                                    //消抖
      {
          while(!key4);
          keyn++;                                    //时、分、秒切换
```

```
if(keyn==4)                          //按下4次
keyn=0;                              //清零
while(keyn)                          //如果有闹钟调整按键按下
{
        EA=0;                        //关中断，实时时钟显示关闭
    if(key4==0)
    if(key4==0)
        {
        while(!key4);
        keyn++;                      //时、分、秒切换
        if(keyn==4)
        keyn=0; }
        datapros1();
            DigDisplay(); }
    if(keyn==1)                      //时修改
    {
        if(key3==0)                  //减键按下
            {
        delay(3);
            if(key3==0)
            {
            while(!key3);
            clock1[0]--;             //闹钟时减1
                if(clock1[0]<0)clock1[0]=24;
            }
            }
        if(key2==0)                  //加键按下
            {
        delay(3);
            if(key2==0)
            {
            while(!key2);
            clock1[0]++;             //闹钟时加1
                if(clock1[0]>24)clock1[0]=0;
```

```
                    }

                }

    }

    if(keyn==2)                          //分修改
    {
        if(key3==0)                      //减键
        {
    delay(3);
            if(key3==0)
            {
            while(!key3);
            clock1[1]--;             //闹钟分减1
                if(clock1[1]<0)clock1[1]=59;
            }
        }
        if(key2==0)                      //加键
        {
    delay(3);
            if(key2==0)
            {
            while(!key2);
            clock1[1]++;             //闹钟分加1
                if(clock1[1]>59)clock1[1]=0;
            }
        }
    }
    if(keyn==3)                          //秒修改
    {
    if(key3==0)                          //减键
        {
    delay(3);
        if(key3==0)
        {
        while(!key3);
```

```
            clock1[2]--;                      //闹钟秒减1
                if(clock1[2]<0)clock1[2]=59;
              }
          }
          if(key2==0)                          //加键
          {
      delay(3);
          if(key2==0)
          {
      while(!key2);
      clock1[2]++;                          //闹钟秒加1
          if(clock1[2]>59)clock1[2]=0;
            }
          }
        }
      }
    }  EA=1;                                  //开中断,实时时钟显示恢复
    }
if(key1n!=0)                                  //当按下功能键key1
  {
    if(key2==0)                              //加键
      {
      delay(3);
      if(key2==0)
      {
    while(!key2);
    switch(key1n)
      {
case 1: didi();
        temp=(miao+1)/10*16+(miao+1)%10;    //秒的BCD码转换十进制数
        if(miao==59)
          temp=0;
        Ds1302Write (0x8e, 0x00);           //禁止写保护
        Ds1302Write (0x80, 0x80|temp);      //写入秒
```

```
          Ds1302Write(0x8e, 0x80);              //允许写保护
          break;
  case 2: didi();
          temp=(fen+1)/10*16+(fen+1)%10;         //分钟的 BCD 码转十进制数
          if(fen==59)
             temp=0;
          Ds1302Write(0x8e, 0x00);              //禁止写保护
          Ds1302Write (0x82, temp);             //写入分钟
          Ds1302Write (0x8e, 0x80);             //允许写保护
          break;
  case 3: didi();
          temp=(shi+1)/10*16+(shi+1)%10;         //时的 BCD 码转十进制数
          if(shi==23)
             temp=0;
          Ds1302Write (0x8e, 0x00);             //禁止写保护
             Ds1302Write (0x84, temp);
          Ds1302Write(0x8e, 0x80);              //允许写保护
          break;
       }
     }
  }
       if(key3==0)                              //减键
          {
       delay(3);
     if(key3==0)
       {
       while(!key3);
       switch(key1n)
       {
  case 1: didi();
          temp=(miao-1)/10*16+(miao-1)%10;       //秒
          if(miao==0)
             temp=89;                           //BCD 码 59 的十进制
          Ds1302Write (0x8e, 0x00);             //禁止写保护
```

```
            Ds1302Write（0x80, 0x80|temp）;
            Ds1302Write（0x8e, 0x80）;              //允许写保护
            break;
case 2: didi（）;
            temp=（fen-1）/10*16+（fen-1）%10;      //分
            if(fen==0)
               temp=89;                            //BCD 码 59 的十进制
            Ds1302Write（0x8e, 0x00）;              //禁止写保护
            Ds1302Write（0x82, temp）;
            Ds1302Write(0x8e, 0x80);               //允许写保护
            break;
case 3: didi（）;
            temp=（shi-1）/10*16+（shi-1）%10;      //时
            if( shi==0)
               temp=35;
          Ds1302Write(0x8e, 0x00);                 //禁止写保护
            Ds1302Write(0x84, temp);
            Ds1302Write(0x8e, 0x80);               //允许写保护
            break;
         }
         }
      }
   }
}
void main（）
{
      init（）;
   DS1302Init（）;                                  //DS1302 时钟初始化
   buzzer=0;
      while(1)
      {
      TIME[0] = Ds1302Read(0x81);                  //读秒的 BCD 码
      miao=TIME[0];
      TIME[1] = Ds1302Read(0x83);                  //读分钟的 BCD 码
```

```
        fen=TIME[1];
        TIME[2]=Ds1302Read(0x85);                //读时的 BCD 码
        shi=TIME[2];
        keyscan();
        if(miao===clock1[2])&&(fen==clock1[1])&&(shi==clock1[0]))
                                                //闹钟响起
            {
            flag1=1;for(i=0;i<10;i++)didi();
            }
        if(j==100)   for(i=0;i<10;i++) didi();//一段时间后闹钟再次响起
        if(j==200)   {for(i=0;i<10;i++)didi();flag1=0;j=0;}
        }
}
void tiemr0() interrupt 1
{
        if(flag1) j++;
        TH0=(65536-50000)/256;                   //50 ms 中断一次
        TL0=(65536-50000)%256;
            datapros();
            DigDisplay();
}
```

【任务评估】

(1)画出本项目中 DS1302 的三总线引脚与单片机 I/O 口引脚间的具体连接电路。

(2)在本项目基础上,利用 51 单片机、DS1302 时钟芯片和 LCD1602 等器件,设计一个能将时间显示在 1602 液晶显示屏上的多功能电子钟。

(3)阅读芯片数据手册,对比 DS1302 时钟芯片与 DS12C887 时钟芯片的异同。

| 项目六 |

温度检测仪

任务一　IIC 总线通信原理

【知识目标】

❖ 知道 IIC 总线通信协议的特点；

❖ 识别 IIC 通信与 UART 通信的区别；

❖ 熟知 IIC 总线与单片机的通信过程；

❖ 熟知 IIC 总线寻址方式及数据发送、接收原理。

【能力目标】

❖ 能看懂 IIC 总线通信时序图；

❖ 能正确将 IIC 器件与单片机连接；

❖ 能读懂 IIC 总线数据发送、接收格式；

❖ 能正确编写 IIC 总线通信驱动程序。

【任务描述】

利用 IIC 总线通信协议原理和时序图，实现 IIC 器件与 51 单片机的通信，并详述通信过程。

一、IIC 总线介绍

在介绍 IIC 总线之前，先来了解一下 IIC 总线一些常用的术语。

① 主机：主动发出命令，启动发送数据并产生时钟信号的设备。

② 从机：被主机寻址，接收主机数据的器件，只能应答主机发出的命令，不能主动发数据给主机。

③ 多主机：同时有多于一个主机尝试控制总线，但不破坏传输。

④ 仲裁：是一个在有多个主机同时尝试控制总线，但只允许其中一个控制总线并使传输不被破坏的过程。

⑤ 同步：两个或多个器件同步时钟信号的过程。

⑥ 异步：两个或多个器件时钟信号不同步的过程。

⑦ 发送器：发送数据到总线的器件。

⑧ 接收器：从总线接收数据的器件。

IIC(inter-integrated circuit)是由 Philips 公司开发的两线式串行总线，用于连接微控制器及其外围设备，是微电子通信控制领域广泛采用的一种总线标准。它是同步通信的一种特殊形式，具有接口线少、控制方式简单、器件封装形式小、通信速率较高等优点。IIC 总线只有两根双向信号线，一根是数据线 SDA，另一根是时钟线 SCL。其中，数据线 SDA 负责数据传输，时钟线 SCL 负责收发双方的时钟节拍。由于其具有引脚少、硬件实现简单、可扩展性强等特点，因此，被广泛地应用在各大集成芯片内。IIC 总线和 SPI 总线都属于同步串行通信，也就是说，数据发送方与接收方都要按照 SCL 的节拍来传输数据，使发送与接收达到完全同步，这种同步通信多用于板内设备与单片机之间的通信。与同步串行通信相对应的是异步串行通信，即 UART 串行通信，这种通信方式多用于单片机与电脑或单片机与单片机之间的通信。在这种通信方式中，数据发送方与接收方均按照各自的时钟节拍传输数据。比如，电脑发送完数据后，至于何时接收数据，则取决于单片机，双方传送数据并不要求完全同步，单片机会按照自己的时钟节拍接收数据。下面从 IIC 的物理层与协议层来了解 IIC 总线通信过程。

二、IIC 总线的硬件结构

IIC 总线是由数据线 SDA 和时钟线 SCL 两根双向信号线及上拉电阻组成的。其通信原理是通过对 SCL 和 SDA 线高低电平时序的控制，来产生 IIC 总线协议所需要的信号，以进行数据的传递。在总线空闲状态时，这两根线一般被上面所接的上拉电阻拉高，保持高电平状态。IIC 通信设备常用连接方式如图 6-1 所示。

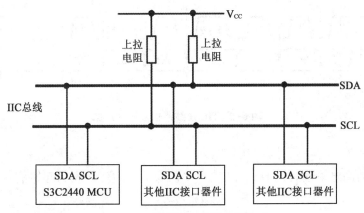

图 6-1 IIC 通信设备常用连接方式

IIC 总线的硬件结构特点如下。

① IIC 总线是一个支持多设备的总线。总线指多个设备共用的信号线。在一个 IIC 通信总线中，可连接多个 IIC 通信设备，支持多个通信主机及多个通信从机。通常以单片机作为主机，其他设备作为从机。

② 一个 IIC 总线只使用两根总线线路，一根双向串行数据线(SDA)，一根串行时钟线(SCL)。数据线用来表示数据，时钟线用于数据收发同步。连接到 SDA 与 SCL 两根总线上的任一器件输出的低电平，都将使总线的信号强度变低，即各器件的 SDA 与 SDA 之间及 SCL 与 SCL 之间的线都是"与"关系。只有总线上所有的器件均为高电平，总线才会输出高电平。

③ 每个连接到总线的设备都有一个独立且唯一的地址，主机可以利用这个地址进行不同设备之间的访问。主机与其他器件间的数据传送可以由主机发送数据到其他器件，这时主机为发送器；由总线上接收数据的器件则为接收器。在多主机系统中，可能同时有多个主机企图启动总线传送数据。为了避免混乱，IIC 总线要通过总线仲裁，以决定由哪一台主机控制总线。

④ 总线通过上拉电阻接到电源。当 IIC 设备空闲时，会输出高阻态，而当所有设备都空闲且输出高阻态时，由上拉电阻把总线拉成高电平。连接到相同总线的 IIC 数量通常受到总线的最大电容(400 pF)限制。

⑤ IIC 通信方式为半双工，只有一根 SDA 线，同一时间只可以单向通信，485 也为半双工，SPI 和 UART 为全双工。

三、IIC 总线的通信时序

IIC 总线的通信过程包括起始信号、数据传输过程、终止信号。其中，数据传输过程包括多个字节的数据传输和 ACK 应答位，在每次传输完一个或多个字节后，都要伴随一位 ACK 应答位，表示从机对主机的回应。图 6-2 所示为 IIC 总线通信过程时序图。

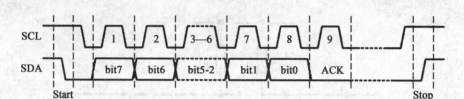

图 6-2　IIC 总线通信过程时序图

1.起始信号

SCL 线为高电平期间，SDA 线由高电平向低电平的变化表示起始信号，如图 6-2 中的 Start 部分。

2.数据传输过程

IIC 总线按照 SCL 时钟频率由高位到低位传输数据，高位传送在前，低位传送在后。如图 6-3 所示，当 IIC 总线进行数据传送时，时钟信号 SCL 为高电平期间，数据线上的数据必须保持稳定，只有在时钟线上的信号为低电平期间，数据线 SDA 上的高电平或低电平状态才允许变化。也就是说，当 SCL 为高电平时，此时接收方正在读取数据线 SDA 的状态，所以数据线 SDA 不允许变化，发送方不能发送数据；而只有当 SCL 为低电平时，接收方才会空闲，这时才能允许 SDA 数据变化，发送方才可以发送数据 0 或 1。所以在图 6-3 中，每一次数据的变化都在 SCL 低电平的状态，因为 SCL 高电平时为接收方读数据状态。每次传输的数据都以 B 为单位，每次传输的字节数不受限制。

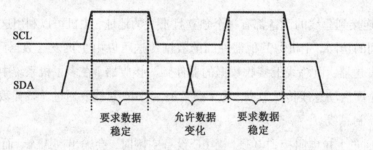

图 6-3　IIC 总线数据传输过程

3.ACK 应答响应

每当发送器件传输完 1 B 的数据后，后面必须紧跟一位 ACK 应答位（即一帧共有 9 位，其中 8 位数据位，1 位应答位），这个应答位是接收端通过控制 SDA 数据线来实现的，以提醒发送端数据，接收端已经接收完成，数据传送可以继续进行。换句话说，这个应答位其实就是数据或地址传输过程中的响应。响应包括"应答（ACK）"和"非应答（NACK）"两种信号。作为数据接收端时，当设备（无论是主机还是从机）接收到 IIC 传输的一个字节数据或地址后，若希望对方继续发送数据，则需要向对方发送"应答（ACK）"信号，即特定的低电平，发送方才会继续发送下一个数据；若接收方希望结束数据传输，

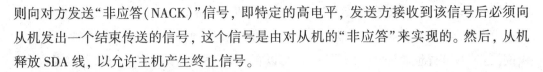

则向对方发送"非应答（NACK）"信号，即特定的高电平，发送方接收到该信号后必须向从机发出一个结束传送的信号，这个信号是由对从机的"非应答"来实现的。然后，从机释放 SDA 线，以允许主机产生终止信号。

4.终止信号

SCL 线为高电平期间，SDA 线由低电平向高电平的变化表示终止信号，如图 6-2 中的 Stop 部分。起始和终止信号都是由主机发出的，在起始信号产生后，总线就处于被占用的状态；在终止信号产生后，总线就处于空闲状态。

四、IIC 总线的寻址

前面已经介绍了 IIC 总线的通信时序，IIC 总线通信在字节传输过程中是按照一定的时序规则进行的，其一次数据传输时序图如图 6-4 所示。

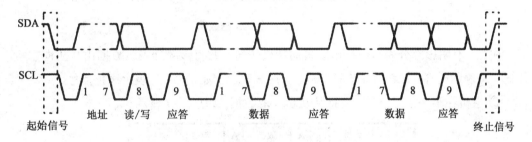

图 6-4 IIC 总线一次数据传输时序图

IIC 总线在起始信号完成后，首先要发送一个从机地址，IIC 总线寻址按照从机地址位数可分为两种，一种是 7 位，另一种是 10 位。

采用 7 位寻址字节（寻址字节是起始信号后的第一个字节）的位定义如图 6-5 所示。其中，D7~D1 位组成从机地址；D0 位是数据传送方向位，为 0 时表示主机向从机写数据，为 1 时表示主机由从机读数据。

位：	7	6	5	4	3	2	1	0
				从机地址				R/$\overline{W}$

图 6-5 采用 7 位寻址字节的从机地址定义

10 位寻址和 7 位寻址兼容，而且可以结合使用。10 位寻址不会影响已有的 7 位寻址，有 7 位和 10 位地址的器件可以连接到相同的 IIC 总线。下面以 7 位寻址为例进行介绍。

当主机发送一个地址后，总线上的每个器件都将头 7 位与自己的地址进行比较，如果一样，器件会判定它被主机寻址，其他地址不同的器件将被忽略后面的数据信号。至于是从机接收器还是从机发送器，由 R/W 位决定。从机地址由固定部分和可编程部分组成。在一个系统中，可能希望接入多个相同的从机，从机地址中可编程部分决定了可接入总线该类器件的最大数目。例如，一个从机的 7 位寻址有 4 位是固定位，3 位是可编程位，这时仅能寻址 8 个同样的器件，即可以有 8 个同样的器件接入该 IIC 总线系统中。

IIC 总线上传送的数据信号是广义的，既包括地址信号，又包括真正的数据信号。在起始信号后必须传送一个从机的地址(7 位)，第 8 位是数据的传送方向位(R/W)，用 0 表示主机发送(写)数据(W)，1 表示主机接收数据(R)。每次数据传送总是由主机产生的终止信号结束。但是，若主机希望继续占用总线进行新的数据传送，则可以不产生终止信号，马上再次发出起始信号对另一从机进行寻址。

在总线的一次数据传送过程中，可以有以下三种组合方式。

① 主机向从机发送数据，数据传送方向在整个传送过程中不变，如图 6-6 所示。

图 6-6　主机向从机发送数据

注意：有阴影部分表示数据由主机向从机传送，无阴影部分表示数据由从机向主机传送。A 表示应答，$\overline{A}$ 表示非应答(高电平)，S 表示起始信号，P 表示终止信号。

② 主机在第一个字节后，立即从从机读取数据，如图 6-7 所示。

图 6-7　主机从从机读取数据

③ 在传送过程中，当需要改变传送方向时，起始信号和从机地址都被重复产生一次，但两次读/写方向位正好相反，如图 6-8 所示。

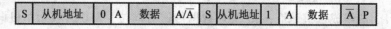

图 6-8　主机读写数据

IIC 总线的起始信号、终止信号、发送"0"及发送"1"的模拟时序如图 6-9 所示。

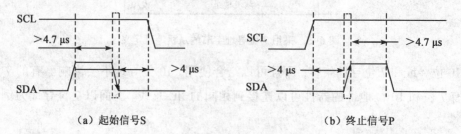

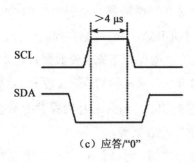 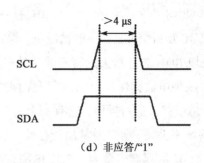

（c）应答/"0"　　　　　　　　（d）非应答/"1"

图 6-9　IIC 总线模拟时序

由于 51 单片机没有硬件 IIC 接口，即使有硬件接口，通常还是采用软件模拟 IIC。主要原因是硬件 IIC 设计得比较复杂，而且稳定性较差，程序移植比较麻烦；而用软件模拟 IIC，最大的好处就是移植方便，同一个代码兼容所有单片机，任何一个单片机只要有 I/O口（不需要特定 I/O 口），都可以快速移植。

任务二　EEPROM 芯片 AT24C02 通信

【知识目标】

❖ 了解 AT24C02 的结构和特性；
❖ 掌握 EEPROM 芯片 AT24C02 与单片机的通信方法；
❖ 掌握 AT24C02 读/写数据流程。

【能力目标】

❖ 能够正确连接 AT24C02 与单片机；
❖ 能够编写 IIC 总线通信驱动程序；
❖ 能够编写 AT24C02 与单片机通信程序。

【任务描述】

设计一个掉电数据保存系统，该系统用 EEPROM 芯片 AT24C02 存取数据，8 位数码管显示数据，每次掉电后再次上电时，数码管初始状态后 4 位均显示 0。

一、AT24C02 介绍

ATMEL 公司生产的 AT24C 系列 EEPROM 主要型号有 AT24C01/02/04/08/16 等。这些 EEPROM 芯片分别是存储容量为 1/2/4/8/16 KB 的串行 CMOS，其内部含有 128/256/

512/1024/2048 个 8 位字节，AT24C01 有一个每页 8 B 写缓冲器，AT24C02/04/08/16 有一个每页 16 B 写缓冲器。一般情况下，保存在单片机 RAM 中的数据在掉电后就丢失了，而这些 EEPROM 芯片最大的特点就是掉电后可以将数据保存下来，使数据掉电不丢失，可有效解决掉电数据保存问题，并可保存数据 100 年，可多次擦写、读取数据。这些器件通过 IIC 总线接口进行操作，它有一个专门的写保护功能。因为芯片内保存的数据在掉电情况下都不丢失，所以通常用于存放一些比较重要的数据等。

AT24C02 的存储容量为 2 KB，内部有 32 页存储空间，每页 8 B，共 256 B。AT24C02 引脚图如图 6-10 所示，各引脚功能如表 6-1 所列。

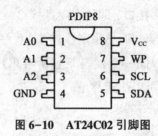

图 6-10　AT24C02 引脚图

表 6-1　AT24C02 各引脚功能

引脚名称	引脚功能
A0~ A2	器件地址输入
SDA	串行数据输入/输出
SCL	串行时钟输入
WP	写保护
V_{CC}	电源
GND	地

AT24C02 器件地址为 7 位，高 4 位固定为 1010，低 3 位由 A0/A1/A2 信号线的电平决定。因为传输地址或数据是以 B 为单位传送的，当传送地址时，器件地址占 7 位，还有最后一位(最低位 $R/\overline{W}$)用来选择读/写方向，它与地址无关。其格式如图 6-11 所示。

24WC01/02	1	0	1	0	A2	A1	A0	$R/\overline{W}$

图 6-11　AT24C02 控制字格式

二、AT24C02 字节读/写操作流程

1.AT24C02 写数据流程

步骤 1：输入 IIC 总线协议起始信号→发送 AT24C02 器件地址字节→读/写方向选择"写"。

步骤 2：发送 AT24C02 内部存储地址，AT24C02 内部共 256 B 存储空间，存储地址从 0X00 至 0XFF，可根据实际情况，自由选择存储数据地址。当发送完成后，AT24C02 需要向单片机发送应答位 ACK(0)。

步骤 3：发送要存储的数据字节，先发送第一个字节，再发送第二个字节。并且每发送一个字节，AT24C02 都会向单片机发送一个 ACK 应答位，来告诉单片机写数据成功。如果 EEPROM 芯片不发送应答位，就说明写数据不成功。值得注意的是，每次写入一个字节数据后，AT24C02 的地址都会自动加 1，如果此时地址为 0XFF，那么自动加 1 后为 0X00，重新回到第一个地址，覆盖原 0X00 内的数据。

2.AT24C02 读数据流程

步骤 1：输入 IIC 总线协议起始信号→发送 AT24C02 器件地址字节→读/写方向选择"写"。读数据为什么要选择"写"呢？其实这并不难理解，在读取 AT24C02 内的数据之前，首先就要确定好要读取的数据的具体位置，这个位置包括 AT24C02 的器件地址和 AT24C02 的内部存储数据的地址，也就是说，要提前告诉 AT24C02 单片机具体要从哪个地方读取数据，这样才能使 AT24C02 获得数据地址信息，从而使 AT24C02 在这个地址里找到并发送数据给单片机。

步骤 2：发送 AT24C02 要读取的数据的存储地址，即写入数据存储地址。

步骤 3：再次输入 IIC 总线起始信号→再次发送 AT24C02 器件地址→读/写方向选择"读"。

步骤 4：单片机读取 AT24C02 发送来的第一个字节数据，如果还想读下一个字节，就要向 AT24C02 发送一个应答位 ACK(低电平 0)，这时存储地址与写数据时一样会自动加 1；如果不想再读取下一个字节数据，就要向 AT24C02 发送一个非应答位 NACK(高电平 1)。

需要注意的是，无论是写数据还是读数据，单片机始终是主机，AT24C02 始终是从机，即读/写数据的命令始终是由单片机发出的，AT24C02 芯片的时钟引脚(SCL 时钟)是由单片机控制的。另外，在写数据时，应答信号是由 AT24C02 发送给单片机的，让单片机知道是否写数据成功；而在读数据时，应答信号是由单片机发送给 AT24C02 的，让 EEPROM 芯片知道是否单片机还想继续读数据。

三、掉电数据保存系统设计

1.任务要求

设计一个掉电数据保存系统，EEPROM 芯片 AT24C02 存取数据，8 位数码管显示数据，每次掉电后再次上电时，数码管初始状态为后 4 位均显示 0。4 个按键 K1，K2，K3，K4：按下按键 K1 时，保存数据；按下按键 K2 时，读取并显示上次保存的数据；按下按键 K3 时，数据加 1；按下按键 K4 时，数据清零；最大可显示数据为 255。

2.掉电数据保存系统硬件电路设计

掉电数据保存系统硬件电路包括 STC89C52 单片机最小系统硬件电路、74HC245 驱动电路、74HC138 译码器电路、EEPROM 芯片 AT24C02 电路(见图 6-12)和按键电路(见图 6-13)。在介绍 IIC 总线时，为了让 IIC 总线默认为高电平，通常会在 IIC 总线上接上拉电阻，而在此任务电路图中并没有看到 SCL 和 SDA 引脚有上拉电阻，这是因为单片机 I/O 口都外接了 10 kΩ 的上拉电阻，当单片机 I/O 口连接到芯片的 SCL 和 SDA 引脚时，即相当于它们外接了上拉电阻，所以此任务电路图中可以省去上拉电阻。

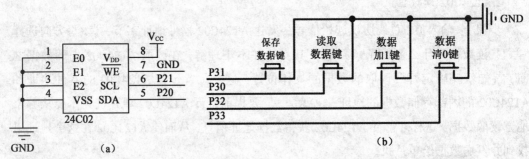

图 6-12　AT24C02 电路图　　　　图 6-13　掉电数据保存系统按键电路图

3.C 语言程序设计

掉电数据保存系统的 C 语言程序包括主函数、按键处理函数、数码管数据处理函数、数码管显示函数、IIC 起始信号驱动函数、IIC 终止信号驱动函数、IIC 写数据函数、IIC 读数据函数、AT24C02 写数据函数、AT24C02 读数据函数。其 C 语言程序如下。

(1) I2C.h 文件。

```
#ifndef _I2C_H_
#define _I2C_H_
#include <reg52.h>

sbit SCL = P2^1;
sbit SDA = P2^0;

void I2cStart();
void I2cStop();
unsigned char I2cSendByte(unsigned char dat);
unsigned char I2cReadByte();
void At24c02Write(unsigned char addr, unsigned char dat);
```

```
unsigned char At24c02Read(unsigned char addr);
#endif
```

（2）main.c 文件。

```
#include" reg52.h"                    //此文件中定义了单片机的一些特殊功能寄存器
#include" i2c.h"
typedef unsigned int u16;             //对数据类型进行声明定义
typedef unsigned char u8;
sbit LSA = P2^2;
sbit LSB = P2^3;
sbit LSC = P2^4;
sbit k1 = P3^1;
sbit k2 = P3^0;
sbit k3 = P3^2;
sbit k4 = P3^3;                       //定义按键端口
char num = 0;
u8 disp[4];
u8 code smgduan[10] = {0x3f,0x06,0x5b,0x4f,0x66,0x6d,0x7d,0x07,0x7f,0x6f};
/* * * * * * * * * * * * * * * * * * * * * * * * * * * * * * * * * * *
* 函数名：delay(u16 i)
* 函数功能：延时函数，i=1 时，大约延时 10 μs
* * * * * * * * * * * * * * * * * * * * * * * * * * * * * * * * * * * * */
void delay(u16 i)
{
    while(i--);
}
/* * * * * * * * * * * * * * * * * * * * * * * * * * * * * * * * * * *
* 函数名：Keypros()
* 函数功能：按键处理函数
* 输入：无
* 输出：无
* * * * * * * * * * * * * * * * * * * * * * * * * * * * * * * * * * * * */
void Keypros()
{
    if(k1==0)
```

```
{
    delay(1000);                    //消抖处理
    if(k1==0)
    {
        At24c02Write(1, num);       //在地址 1 内写入数据 num
    }
    while(!k1);
}
if(k2==0)
{
    delay(1000);                    //消抖处理
    if(k2==0)
    {
        num=At24c02Read(1);         //读取 EEPROM 地址 1 内的数据保存在 num 中
    }
    while(!k2);
}
if(k3==0)
{
    delay(100);                     //消抖处理
    if(k3==0)
    {
        num++;                      //数据加 1
        if(num>255)num=0;
    }
    while(!k3);
}
if(k4==0)
{
    delay(1000);                    //消抖处理
    if(k4==0)
    {
        num=0;                      //数据清零
    }
```

```
        while( ! k4);

    }

}
/ * * * * * * * * * * * * * * * * * * * * * * * * * * * * * * * * * * * * * * *
 * 函数名: datapros( )
 * 函数功能: 数据处理函数
 * 输入: 无
 * 输出: 无
 * * * * * * * * * * * * * * * * * * * * * * * * * * * * * * * * * * * * * * * * /
void datapros( )
{
    disp[ 0 ] = smgduan[ num/1000];            //千位
    disp[ 1 ] = smgduan[ num%1000/100];        //百位
    disp[ 2 ] = smgduan[ num%1000%100/10];     //十位
    disp[ 3 ] = smgduan[ num%1000%100%10];     //个位
}
/ * * * * * * * * * * * * * * * * * * * * * * * * * * * * * * * * * * * * * * *
 * 函数名: DigDisplay( )
 * 函数功能: 数码管显示函数
 * 输入: 无
 * 输出: 无
 * * * * * * * * * * * * * * * * * * * * * * * * * * * * * * * * * * * * * * * * /
void DigDisplay( )
{
    u8 i;
    for( i = 0; i<4; i++)
    {
        switch( i )                          //位选, 选择点亮的数码管
        {
            case( 0) :
                LSA = 1; LSB = 1; LSC = 0; break; //显示第0位
            case( 1) :
                LSA = 0; LSB = 1; LSC = 0; break; //显示第1位
            case( 2) :
```

```
                LSA=1; LSB=0; LSC=0; break;    //显示第2位
            case(3):
                LSA=0; LSB=0; LSC=0; break;    //显示第3位
        }
        P0=disp[i];                            //发送数据
        delay(100);                            //间隔一段时间扫描
        P0=0X00;                               //消隐
    }
}
```

```
/*******************************************
* 函数名：main()
* 函数功能：主函数
* 输入：无
* 输出：无
*******************************************/
void main()
{
    while(1)
    {
        Keypros();                             //按键处理函数
        datapros();                            //数据处理函数
        DigDisplay();                          //数码管显示函数
    }
}
```

（3）IIC.c 文件。

```
#include"i2c.h"
/*******************************************
* 函数名：Delay10us()
* 函数功能：延时 10 μs
* 输入：无
* 输出：无
*******************************************/
void Delay10us()
{
```

```
    unsigned char a, b;
    for(b=1; b>0; b--)
        for(a=2; a>0; a--);
}
```

```
/ * * * * * * * * * * * * * * * * * * * * * * * * * * * * * * * * * * * * * *
 * 函数名：I2cStart()
 * 函数功能：起始信号，在 SCL 时钟信号在高电平期间，SDA 信号产生一个下降沿
 * 输入：无
 * 输出：无
 * 备注：起始之后 SDA 和 SCL 都为"0"
 * * * * * * * * * * * * * * * * * * * * * * * * * * * * * * * * * * * * * * */
void I2cStart()
{
    SDA = 1;
    Delay10us();
    SCL = 1;
    Delay10us();              //建立时间，使 SDA 保持时间大于 4.7 μs
    SDA = 0;
    Delay10us();              //保持时间大于 4 μs
    SCL = 0;
    Delay10us();
}
```

```
/ * * * * * * * * * * * * * * * * * * * * * * * * * * * * * * * * * * * * * *
 * 函数名：I2cStop()
 * 函数功能：终止信号，在 SCL 时钟信号高电平期间，SDA 信号产生一个上升沿
 * 输入：无
 * 输出：无
 * 备注：结束之后保持 SDA 和 SCL 都为"1"；表示总线空闲
 * * * * * * * * * * * * * * * * * * * * * * * * * * * * * * * * * * * * * * */
void I2cStop()
{
    SDA = 0;
    Delay10us();
    SCL = 1;
```

```
    Delay10us();              //建立时间大于 4.7 μs
    SDA=1;
    Delay10us();
}
```

```
/*****************************************
* 函数名: I2cSendByte(unsigned char dat)
* 函数功能: 通过 I2c 发送一个字节; 在 SCL 时钟信号高电平期间, 保持发送信号 SDA
*           保持稳定
* 输入: num
* 输出: 0 或 1; 发送成功返回 1, 发送失败返回 0
* 备注: 发送完一个字节, SCL=0, SDA=1
*****************************************/
unsigned char I2cSendByte(unsigned char dat)
{
    unsigned char a=0, b=0;   //最大 255, 一个机器周期为 1 μs, 最大延时为 255 μs
    for(a=0; a<8; a++)        //要发送 8 位, 从最高位开始
    {
        SDA=dat>>7;           //起始信号之后 SCL=0, 所以可以直接改变 SDA 信号
        dat=dat<<1;           //数据左移一位
        Delay10us();
        SCL=1;
        Delay10us();          //建立时间大于 4.7 μs
        SCL=0;
        Delay10us();          //时间大于 4 μs
    }
    SDA=1;
    Delay10us();
    SCL=1;
    while(SDA)                //等待应答, 也就是等待从设备把 SDA 拉低
    {
        b++;
        if(b>200)             //如果超过 2000 μs 没有应答发送失败, 或者为非应答,
                                表示接收结束
        {
```

```
            SCL=0;

            Delay10us();

            return 0;

        }

    }

    SCL=0;

    Delay10us();

    return 1;

}
/ * * * * * * * * * * * * * * * * * * * * * * * * * * * * * * * * * * * * * * *
 * 函数名：I2cReadByte()
 * 函数功能：使用 I2c 读取一个字节
 * 输入：无
 * 输出：dat
 * 备注：接收完一个字节, SCL=0, SDA=1
 * * * * * * * * * * * * * * * * * * * * * * * * * * * * * * * * * * * * * * */
unsigned char I2cReadByte()
{
    unsigned char a=0, dat=0;
    SDA=1;                     //起始和发送一个字节之后 SCL 都是 0
    Delay10us();
    for(a=0; a<8; a++)         //接收 8 B
    {
        SCL=1;
        Delay10us();
        dat<<=1;               //数据左移一位
        dat|=SDA;              //更新数据
        Delay10us();
        SCL=0;
        Delay10us();
    }
    return dat;
}
/ * * * * * * * * * * * * * * * * * * * * * * * * * * * * * * * * * * * * * *
```

* 函数名：void At24c02Write(unsigned char addr, unsigned char dat)
* 函数功能：往 24c02 的一个地址写入一个数据
* 输入：无
* 输出：无
* */

```
void At24c02Write(unsigned char addr, unsigned char dat)
{
    I2cStart();
    I2cSendByte(0xa0);       //发送写器件地址
    I2cSendByte(addr);       //发送要写入内存地址
    I2cSendByte(dat);        //发送数据
    I2cStop();
}
```

/ *
* 函数名：unsigned char At24c02Read(unsigned char addr)
* 函数功能：读取 24c02 的一个地址的一个数据
* 输入：无
* 输出：无
* */

```
unsigned char At24c02Read(unsigned char addr)
{
    unsigned char num;
    I2cStart();
    I2cSendByte(0xa0);       //发送写器件地址
    I2cSendByte(addr);       //发送要读取的地址
    I2cStart();
    I2cSendByte(0xa1);       //发送读器件地址
    num = I2cReadByte();     //读取数据
    I2cStop();
    return num;
}
```

任务三　DS18B20 温度传感器测温

【知识目标】

❖ 熟悉 DS18B20 温度传感器的结构与特点；

❖ 说明 DS18B20 的工作原理；

❖ 描述单片机读取 DS18B20 数据的方法。

【能力目标】

❖ 能够读懂 DS18B20 工作时序图；

❖ 能够正确连接 DS18B20 温度传感器与单片机；

❖ 能够将 DS18B20 测得的温度数据转换为实际的温度。

【任务描述】

利用 DS18B20 检测环境温度，并在 8 位数码管上显示，保留温度值后 2 位小数。

一、DS18B20 温度传感器介绍

温度是一种最基本的环境参数，日常生活和工农业生产中经常需要检测温度。传统检测温度的方式是采用热电偶或热电阻，但是由于模拟温度传感器输出为模拟信号，必须经过 A/D 转换环节获得数字信号后才能与单片机等微处理器连接，这使得硬件电路结构复杂，制作成本较高。

近年来，美国 Dallas 半导体公司推出了一种"一根总线（单总线）"接口的温度传感器——DS18B20 温度传感器。与传统的热敏电阻等测温元件相比，它是一种新型的、体积小、适用电压宽、与微处理器接口简单的数字化温度传感器。

DS18B20 温度传感器具有如下特点。

① 适应电压范围更宽。电压范围为 3.0~5.5 V，在寄生电源方式下可由数据线供电。

② 独特的单线接口方式。DS18B20 在与微处理器连接时，仅需要一条口线即可实现微处理器与 DS18B20 的双向通信。

③ 支持多点组网功能。多个 DS18B20 可以并联在唯一的三线上，实现组网多点测温。

④ 在使用中不需要任何外围元件，全部传感元件及转换电路集成在形如一只三极管的集成电路内。

⑤ 测温范围为-55~125 ℃，在-10~85 ℃时，精度为±0.5 ℃。

⑥ 可编程的分辨率为 9 ~ 12 位，对应的可分辨温度分别为 0.5，0.25，0.125，0.0625 ℃，可实现高精度测温。

⑦ 在 9 位分辨率时，最多在 93.75 ms 内把温度转换为数字；在 12 位分辨率时，最多在 750 ms 内把温度值转换为数字，速度更快。

⑧ 测量结果直接输出数字温度信号，以"一根总线"串行传送给 CPU，同时可传送 CRC 校验码，具有极强的抗干扰纠错能力。

⑨ 负压特性：电源极性接反时，芯片不会因发热而烧毁，但不能正常工作。

DS18B20 温度传感器实物图如图 6-14 所示。从图中可以看到，当正对传感器切面(传感器型号字符那一面)时，传感器的引脚顺序是从左到右排列的。引脚 1 为 GND，引脚 2 为数据 DQ，引脚 3 为 V_{DD}。如果把该传感器插反，那么电源将短路，传感器就会发烫，很容易损坏，所以一定要注意传感器的方向。DS18B20 内部结构图如图 6-15 所示。

图 6-14 DS18B20 温度传感器实物图

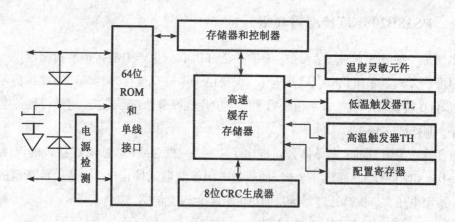

图 6-15 DS18B20 内部结构图

二、DS18B20 温度传感器的工作原理

DS18B20 温度传感器的温度检测与数字数据输出全集成在一个芯片之上，抗干扰能力更强，其一个工作周期可分为两个部分：温度检测与数据处理。DS18B20 温度传感器测温原理如图 6-16 所示。图中，低温度系数晶振的振荡频率受温度影响很小，用于产生固定频率的脉冲信号送给计数器 1，高温度系数晶振振荡频率随温度变化明显改变，所产生的信号作为计数器 2 的脉冲输入。计数器 1 和温度寄存器被预置在-55 ℃所对应的一个

基数值。计数器1对低温度系数晶振产生的脉冲信号进行减法计数，当计数器1的预置值减到0时，温度寄存器的值将加1，计数器1的预置将被重新装入，计数器1重新开始对低温度系数晶振产生的脉冲信号进行计数；如此循环，直到计数器2计数到0时，停止温度寄存器值的累加，此时温度寄存器中的数值即所测温度。图6-16中的斜率累加器用于补偿和修正测温过程中的非线性，其输出用于修正计数器1的预置值。

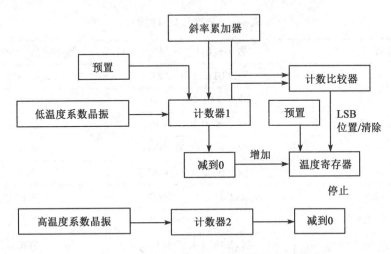

图6-16 DS18B20温度传感器测温原理

DS18B20有4个主要的数据部件：64位光刻ROM、温度传感器、非挥发的温度报警触发器TH和TL、配置寄存器。其中，光刻ROM中的64位序列号是出厂前被光刻好的，它可以看作该DS18B20的地址序列码。64位光刻ROM的排列如下：开始8位（28H）是产品类型标号，中间48位是该DS18B20自身的序列号，最后8位是前面56位的循环冗余校验码。光刻ROM的作用是使每一个DS18B20都各不相同，这样就可以实现一根总线上挂接多个DS18B20的目的。

DS18B20中的温度传感器可完成对温度的测量，出厂默认为12位数据，其中最高位为符号位，其他11位为温度数值位。单片机一次读取DS18B20温度的2 B共16位数据，其温度格式如表6-2所列。

表6-2 DS18B20温度格式

位7	位6	位5	位4	位3	位2	位1	位0
2^3	2^2	2^1	2^0	2^{-1}	2^{-2}	2^{-3}	2^{-4}
位15	位14	位13	位12	位11	位10	位9	位8
S	S	S	S	S	2^6	2^5	2^4

在表6-2中，位11至位15为符号位，同时变化，所以只需要判断位11。位4至位10为温度整数位，位0至位3为温度小数位。当高5位为0时，说明测得的温度为正值，

这时只要取 11 位二进制数转化为十进制数，再乘以 0.0625，即可得到实际温度值；当高 5 位为 1 时，说明测得的温度位为负值，这时先要把读取的 11 位二进制数先取反加 1，再转化为十进制数，然后乘以 0.0625，即可得到实际温度值。例如，+125 ℃ 的数字输出为 07D0h，+25.0625 ℃ 的数字输出为 0191h，−25.0625 ℃ 的数字输出为 FF6Fh，−55 ℃ 的数字输出为 FC90h。温度与数据关系如表 6-3 所列。

表 6-3　温度与数据关系

温度/℃	数字输出（二进制）	数字输出（十六进制）
125	0000 0111 1101 0000	07D0h
25.0625	0000 0001 1001 0001	0191h
10.125	0000 0000 1010 0010	00A2h
0.5	0000 0000 0000 1000	0008h
0	0000 0000 0000 0000	0000h
−0.5	1111 1111 1111 1000	FFF8h
−10.125	1111 1111 0101 1110	FF5Eh
−25.0625	1111 1110 0110 1111	FF6Fh
−55	1111 1100 1001 0000	FC90h

当有多个 DS18B20 挂在总线上时，需要将所有 DS18B20 的 I/O 口连接在一起，单片机发出读取 ROM 控制指令（33H），读取每一个 DS18B20 的内部芯片序列号，再发出匹配 ROM 控制命令（55H），接着单片机发出 64 位 ROM 编码，就可以识别出需要操作的 DS18B20 了。若只有一个 DS18B20，则不需要读取 ROM 编码，直接跳过 ROM 进行温度读取操作就可以。

单片机控制 DS18B20 的 ROM 操作指令如下。

① 读出 ROM，代码为 33H，用于读出 DS18B20 的序列号，即 64 位激光 ROM 代码。

② 匹配 ROM，代码为 55H，用于识别（或选中）某一特定的 DS18B20 进行操作。

③ 搜索 ROM，代码为 F0H，用于确定总线上的节点数及所有节点的序列号。

④ 跳过 ROM，代码为 CCH，当总线仅有一个 DS18B20 时，不需要匹配。

⑤ 报警搜索，代码为 ECH，主要用于鉴别和定位系统中超出程序设定的报警温度界限的节点。

单片机控制 DS18B20 的 RAM 操作指令如下。

① 启动温度转换，代码为 44H，用于启动 DS18B20 进行温度测量，温度转换命令被执行后 DS18B20 保持等待状态。如果主机在这条命令之后发出读时间隙命令，而 DS18B20 又忙于做温度转换，DS18B20 将在总线上输出"0"；若温度转换完成，则输出"1"。

② 读暂存器，代码为 BEH，用于读取暂存器中的内容，从字节 0 开始，最多可以读取 9 个字节，如果不想读完所有字节，主机可以在任何时间发出复位命令来终止读取。

③ 写暂存器，代码为 4EH，用于将数据写入 DS18B20 暂存器的地址 2 和地址 3(TH 和 TL 字节)。可以在任何时刻发出复位命令来终止写入。

④ 复制暂存器，代码为 48H，用于将暂存器的内容复制到 DS18B20 的非易失性 E2RAM，即把温度报警触发字节存入非易失性存储器里。

⑤ 重读 E2RAM，代码为 B8H，用于将存储在非易失性 E2RAM 中的内容重新读入暂存器中。

⑥ 读电源，代码为 B4H，用于将 DS18B20 的供电方式信号发送到主机。若在这条命令发出之后发出读时间隙，DS18B20 将返回它的供电方式："0"为寄生电源，"1"为外部电源。

三、DS18B20 工作时序

前面已经介绍了如何计算温度，接下来介绍如何读取温度数据。由于 DS18B20 是单总线器件，所有的单总线器件都要求采用严格的信号时序，以保证数据的完整性。DS18B20 时序有三种：初始化时序、写(0 和 1)时序、读(0 和 1)时序。DS18B20 发送所有的命令和数据都是字节的低位在前、高位在后。

1.初始化时序

单总线上的所有通信都是以初始化时序开始的。DS1820 初始化时序图如图 6-17 所示。

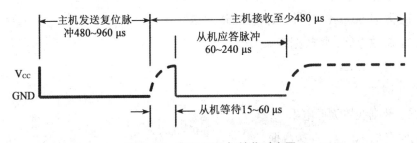

图 6-17　DS18B20 初始化时序图

步骤 1：数据线置为高电平。

步骤 2：延时一小段时间。

步骤 3：主机输出低电平，保持低电平时间至少 480 μs(该时间的时间范围可以为 480~960 μs)，以产生复位脉冲。

步骤 4：主机释放总线，外部的上拉电阻将单总线拉为高电平。

步骤 5：延时 15~60 μs，进入接收模式，若初始化成功，则 DS18B20 将返回低电平 0。

步骤 6：DS18B20 拉低总线 60~240 μs，以产生低电平应答脉冲；若为低电平，则还要做延时，其延时的时间从外部上拉电阻将单总线拉高算起最少要 480 μs。

步骤 7：再次将数据线拉为高电平，结束初始化。

2.写时序

写时序包括写 0 时序和写 1 时序。所有写时序至少需要 60 μs，且在两次独立的写时序之间至少需要 1 μs 的恢复时间。两种写时序均起始于主机拉低总线。DS18B20 写时序图如图 6-18 所示。

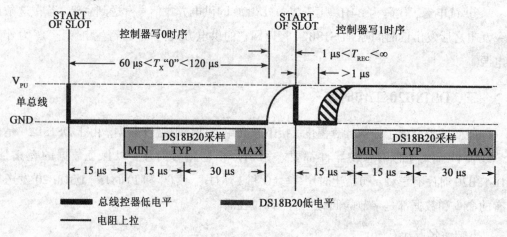

图 6-18　DS18B20 写时序图

(1)写 0 时序。

步骤 1：数据线置为低电平。

步骤 2：延时 60 μs(由低位到高位依次发送数据)。

步骤 3：释放总线，将数据线拉为高电平。

步骤 4：延时 2 μs。

(2)写 1 时序。

步骤 1：数据线置为低电平。

步骤 2：延时 60 μs，发送数据。

步骤 4：释放总线，将数据线拉为高电平。

步骤 5：延时 2 μs。

3.读时序

单总线器件仅在单片机发出读时序时，才向单片机传输数据，所以在单片机发出读数据命令后，必须马上产生读时序，以便使 DS18B20 能够传输数据。所有读时序至少需要 60 μs，且在两次独立的读时序之间至少需要 1 μs 的恢复时间。每个读时序都由单片机发起，至少拉低总线 1 μs。单片机在读时序期间必须释放总线，并且在时序起始后的

15 μs 之内采样总线状态。DS18B20 读时序图如图 6-19 所示。

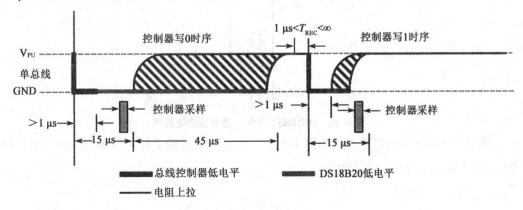

图 6-19　DS18B20 读时序图

(1)读 0 时序。

步骤 1：数据线拉为低电平。

步骤 2：延时 2 μs。

步骤 3：释放总线，数据线拉为高电平。

步骤 4：延时 6 μs，读取单总线当前的数据。

步骤 5：延时 48 μs，等待一段时间。

(2)读 1 时序。

步骤 1：数据线拉为低电平。

步骤 2：延时 2 μs。

步骤 3：释放总线，数据线拉为高电平。

步骤 4：延时 55 μs。

在了解 DS18B20 单总线时序之后，再来看一下 DS18B20 的温度读取过程。DS18B20 的典型温度读取过程如下：DS18B20 初始化→发送跳出 ROM 命令(0XCC)→发送开始转换命令(0X44)→延时→初始化→发送跳出 ROM 命令(0XCC)→发读 RAM 存储器命令(0XBE)→连续读出 2 B 数据(即温度)→结束。

四、DS18B20 温度显示系统

1.任务要求

利用 DS18B20 检测环境温度，并在 8 位数码管上显示，保留温度值后 2 位小数。

2.硬件电路

DS18B20 温度显示系统硬件电路由 STC89C52 单片机最小系统硬件电路、74H138 译码器电路、8 位动态数码管、DS18B20 温度传感器模块电路(见图 6-20)组成。

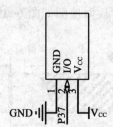

图6-20 DS18B20温度传感器模块电路图

通常，DS18B20单总线默认为高电平，一般会在单总线上接上拉电阻，所以单片机P3口都外接了10 kΩ的上拉电阻。

3.C语言程序设计

系统的C语言程序包括主函数、温度读取转换函数、温度显示函数、延时函数、DS18B20初始化函数、DS18B20写字节函数、DS18B20读字节函数、DS18B20开始转换温度函数、写温度命令函数、读温度函数。程序文件包括温度头文件、主函数文件、DS18B20驱动文件。整个系统的C语言程序如下。

（1）temp.h。

```
#ifndef_TEMP_H_
#define_TEMP_H_
#include<reg52.h>
//---重定义关键词---//
#ifndef uchar
#define uchar unsigned char
#endif
#ifndef uint
#define uint unsigned int
#endif
//--定义使用的I/O口--//
sbit DSPORT=P3^7;
//--声明全局函数--//
void Delay1 ms(uint);
uchar Ds18b20Init();
void Ds18b20WriteByte(uchar com);
uchar Ds18b20ReadByte();
void Ds18b20ChangTemp();
void Ds18b20WriteTempCom();
```

```
int Ds18b20ReadTemp( );
#endif
```

（2）main.c。

```
#include" reg52.h"          //此文件中定义了单片机的一些特殊功能寄存器
#include" temp.h"
typedef unsigned int u16;    //对数据类型进行声明定义
typedef unsigned char u8;
sbit LSA = P2^2;
sbit LSB = P2^3;
sbit LSC = P2^4;
char num = 0;
u8 DisplayData[8];
u8 code smgduan[10] = {0x3f, 0x06, 0x5b, 0x4f, 0x66, 0x6d, 0x7d, 0x07, 0x7f, 0x6f};
/* * * * * * * * * * * * * * * * * * * * * * * * * * * * * * * * * * * * * * *
* 函数名：delay(u16 i)
* 函数功能：延时函数，i = 1 时，大约延时 10 μs
* * * * * * * * * * * * * * * * * * * * * * * * * * * * * * * * * * * * * * * */
void delay(u16 i)
{
    while(i--);
}
/* * * * * * * * * * * * * * * * * * * * * * * * * * * * * * * * * * * * * * *
* 函数名：datapros(int temp)
* 函数功能：温度读取处理转换函数
* 输入：temp
* 输出：无
* * * * * * * * * * * * * * * * * * * * * * * * * * * * * * * * * * * * * * * */
void datapros(int temp)
{
    float tp;
    if(temp< 0)               //当温度值为负数
      {
          DisplayData[0] = 0x40;  //显示"-"
          //因为读取的温度是实际温度的补码，所以减1，再取反求出原码
```

```
        temp = temp - 1 ;
        temp = ~ temp ;
        tp = temp ;
        temp = tp * 0.0625 * 100 + 0.5 ;
```

//保留小数点后 2 位就乘 100，加 0.5 是四舍五入，因为 C 语言浮点数转换为整型的时候把小数点后面的数自动去掉，不管小数点后面的数是否大于 0.5，而加 0.5 之后，大于 0.5 的就是进 1，小于 0.5 的就算加上 0.5，还是在小数点后面

```
    }
    else
    {
        DisplayData[ 0 ] = 0x00;
        tp = temp ;                    //因为数据有小数点，所以将温度赋给一个浮点型变量
                                       //如果温度是正的，那么正数的原码就是补码本身
        temp = tp * 0.0625 * 100 + 0.5 ;
```

//保留小数点后 2 位就乘 100，加 0.5 是四舍五入，因为 C 语言浮点数转换为整型的时候，把小数点后面的数自动去掉，不管小数点后面的数是否大于 0.5，而加 0.5 之后，大于 0.5 的就是进 1，小于 0.5 的就算加上 0.5，还是在小数点后面

```
    }
    DisplayData[ 1 ] = smgduan[ temp % 10000/1000 ];      //取十位
    DisplayData[ 2 ] = smgduan[ temp % 1000/100 ];        //取个位
    DisplayData[ 3 ] = smgduan[ temp % 100/10 ];          //取小数点后 1 位
    DisplayData[ 4 ] = smgduan[ temp % 10/1 ];            //取小数点后 2 位
}
/* * * * * * * * * * * * * * * * * * * * * * * * * * * * * * * * * * * *
*  函数名：DigDisplay( )
*  函数功能：数码管显示函数
*  输入：无
*  输出：无
* * * * * * * * * * * * * * * * * * * * * * * * * * * * * * * * * * * */
void DigDisplay( )
{
```

```
    u8 i;
    for(i=0;i<6;i++)
    {
        switch(i)                                    //位选,选择点亮的数码管
        {
        case(0):
            LSA=1;LSB=1;LSC=1;break;              //显示第0位
        case(1):
            LSA=0;LSB=1;LSC=1;break;              //显示第1位
        case(2):
            LSA=1;LSB=0;LSC=1;break;              //显示第2位
        case(3):
            LSA=0;LSB=0;LSC=1;break;              //显示第3位
        case(4):
            LSA=1;LSB=1;LSC=0;break;              //显示第4位
        case(5):
            LSA=0;LSB=1;LSC=0;break;              //显示第5位
        }
        P0=DisplayData[i];                           //发送数据
        delay(100);                                  //间隔一段时间扫描
        P0=0X00;                                     //消隐
    }
}
/*********************************************
* 函数名:main()
* 函数功能:主函数
* 输入:无
* 输出:无
*********************************************/
void main()
{
    while(1)
    {
        datapros(Ds18b20ReadTemp());             //数据处理函数
```

```
        DigDisplay( );                              //数码管显示函数
    }
}
```

(3) DS18B20 驱动文件 temp.c。

```c
#include" temp.h"
/* * * * * * * * * * * * * * * * * * * * * * * * * * * * * * * * * * * * * * * * * *
* 函数名: Delay1 ms( uint y)
* 函数功能: 延时函数
* 输入: 无
* 输出: 无
* * * * * * * * * * * * * * * * * * * * * * * * * * * * * * * * * * * * * * * * * */
void Delay1 ms( uint y)
{
    uint x;
    for(  ; y>0; y--)
    {
        for( x=110; x>0; x--);
    }
}
/* * * * * * * * * * * * * * * * * * * * * * * * * * * * * * * * * * * * * * * * * *
* 函数名: Ds18b20Init( )
* 函数功能: 初始化
* 输入: 无
* 输出: 初始化成功返回 1, 失败返回 0
* * * * * * * * * * * * * * * * * * * * * * * * * * * * * * * * * * * * * * * * * */
uchar Ds18b20Init( )
{
    uchar i;
    DSPORT=0;               //将总线拉低 480~960 μs
    i=70;
    while(i--);             //延时 642 μs
    DSPORT = 1;             //然后拉高总线, 如果 DS18B20 做出反应, 将在 15 ~
                            //  60 μs后总线拉低
    i=0;
```

```
    while(DSPORT)              //等待 DS18B20 拉低总线
    {
        Delay1ms(1);
        i++;
        if(i>5)                //等待至少 5 ms
        {
            return 0;          //初始化失败
        }
    }
    return 1;                  //初始化成功
}
/************************************************
 * 函数名：Ds18b20WriteByte(uchar dat)
 * 函数功能：向 18b20 写入一个字节
 * 输入：无
 * 输出：无
 ************************************************/
void Ds18b20WriteByte(uchar dat)
{
    uint i, j;
    for(j=0; j<8; j++)
    {
        DSPORT=0;              //每写入一位数据之前先把总线拉低 1 μs
        i++;
        DSPORT=dat & 0X01;     //然后写入一个数据，从最低位开始
        i=6;
        while(i--);            //延时 68 μs，持续时间最少 60 μs
        DSPORT=1;              //然后释放总线，至少给总线 1 μs 恢复时间，才能接着
                               //  写入第二个数值
        dat >>= 1;
    }
}

/************************************************
 * 函数名：Ds18b20ReadByte()
```

* 函数功能: 读取一个字节

* 输入: 无

* 输出: 无

**/

```c
uchar Ds18b20ReadByte( )
{
    uchar byte, bi;
    uint i, j;
    for(j=8; j>0; j--)
    {
        DSPORT=0;                    //先将总线拉低 1 μs
        i++;
        DSPORT=1;                    //然后释放总线
        i++;
        i++;                         //延时 6 μs, 等待数据稳定
        bi=DSPORT;                   //读取数据, 从最低位开始读取
/*将 byte 左移一位, 然后"与"操作右移 7 位后的 bi, 注意移动之后移掉的位补 0*/
        byte=(byte>>1) | (bi<<7);
        i=4;                         //读取完之后等待 48 μs 再读取下一位
        while(i--);
    }
    return byte;
}
```

/***

* 函数名: Ds18b20ChangTemp( )

* 函数功能: 让 18b20 开始转换温度

* 输入: 无

* 输出: 无

**/

```c
void   Ds18b20ChangTemp( )
{
    Ds18b20Init( );                  //初始化
    Delay1 ms(1);
    Ds18b20WriteByte(0xcc);          //跳过 ROM 操作命令
```

```
    Ds18b20WriteByte(0x44);             //温度转换命令
    //Delay1 ms(100);                   //等待转换成功，而如果一直刷着，那么就不
                                          用延时

}
/* * * * * * * * * * * * * * * * * * * * * * * * * * * * * * * * * * * *
 * 函数名：Ds18b20WriteTempCom()
 * 函数功能：发送读取温度命令
 * 输入：无
 * 输出：无
* * * * * * * * * * * * * * * * * * * * * * * * * * * * * * * * * * * */
void    Ds18b20WriteTempCom()
{
    Ds18b20Init();
    Delay1 ms(1);
    Ds18b20WriteByte(0xcc);             //跳过 ROM 操作命令
    Ds18b20WriteByte(0xbe);             //发送读取温度命令

}
/* * * * * * * * * * * * * * * * * * * * * * * * * * * * * * * * * * * *
 * 函数名：Ds18b20ReadTemp
 * 函数功能：读取温度
 * 输入：无
 * 输出：无
* * * * * * * * * * * * * * * * * * * * * * * * * * * * * * * * * * * */
int Ds18b20ReadTemp()
{
    int temp = 0;
    uchar tmh, tml;                     //温度值低 8 位和高 8 位
    Ds18b20ChangTemp();                 //先写入转换命令
    Ds18b20WriteTempCom();              //然后等待转换完后发送读取温度命令
    tml = Ds18b20ReadByte();            //读取温度值共 16 位，先读低字节
    tmh = Ds18b20ReadByte();            //再读高字节
    temp = tmh;
    temp <<= 8;                         //高 8 位左移 8 位
    temp |= tml;
```

```
return temp;
}
```

任务四　智能温度检测仪设计

【知识目标】

❖ 熟知 IIC 总线器件在控制系统中的应用方法；
❖ 说明 LCD1602，AT24C02，DS18B20 的综合应用过程；
❖ 清楚智能温度检测系统设计方案。

【能力目标】

❖ 设计智能温度检测系统硬件电路；
❖ 编写智能温度检测系统 C 语言程序；
❖ 分析智能温度检测系统设计方案，并创新其他功能。

【任务描述】

智能温度检测系统实现功能如下。

(1)它能显示环境的温度，并能设置温度上、下限阈值。

(2)系统上电时，显示当前环境温度和设定的温度阈值，并可以通过按键来修改温度上、下限阈值。

(3)按下 K1 键进入温度阈值设置界面，每按一下，切换一次阈值设置(上、下阈值)界面，按第 3 次时，会自动回到主界面，如此循环。

(4)在进入温度阈值设计界面时，可以通过 K2，K3 键对阈值进行加减，这里只对温度整数部分进行设置，小数部分不需要设置。

(5)将设置好的上、下限阈值保存到 AT24C02(EEPROM)内，当下一次开启系统时，只需从 AT24C02 内读取保存的阈值数据，而不需要重复设置上、下限阈值。

(6)系统具有温度报警功能。当设定好上、下限阈值时，系统会把当前的温度与设定的上、下限阈值进行对比：如果高于上限温度，报警；如果低于下限温度，报警；如果当前温度处于下限和上限温度之间时，关闭报警。

一、智能温度检测仪硬件电路设计

智能温度检测仪硬件电路包括 STC89C52 单片机最小系统硬件电路、LCD1602 电路、

AT24C02 电路、DS18B20 测温电路、蜂鸣器电路和按键电路(见图6-21)。

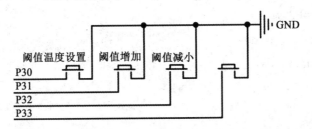

图 6-21　智能温度检测仪按键电路图

二、C 语言程序设计

　　智能温度检测仪的 C 语言程序包括主函数, 开机显示函数, 温度数据处理函数, 按键扫描函数, 按键处理函数, 蜂鸣器函数, 上、下限温度比较函数, LCD1602 驱动相关函数, IIC 总线驱动相关函数, DS18B20 驱动相关函数; 包含主程序文件, LCD 头文件, LCD 驱动文件, IIC 总线驱动文件, DS18B20 驱动文件等。整个 C 语言程序如下。

　　1.LCD.h 文件

```
#ifndef_lcd_H
#define_lcd_H
#include" public.h"
/ * * * * * * * * * * * * * * * * * * * * * * * * * * * * * * * * * * * * * *
当使用的是 4 位数据传输的时候定义, 使用 8 位取消这个定义
 * * * * * * * * * * * * * * * * * * * * * * * * * * * * * * * * * * * * * */
#define LCD1602_4PINS
//---重定义关键词---//
#ifndef uchar
#define uchar unsigned char
#endif
#ifndef uint
#define uint unsigned int
#endif
/ * * * * * * * * * * * * * * * * * * * * * * * * * * * * * * * * * * * * * *
PIN 口定义
 * * * * * * * * * * * * * * * * * * * * * * * * * * * * * * * * * * * * * */
#define LCD1602_DATAPINS P0
sbit LCD1602_E = P2^7;
```

```
sbit LCD1602_RW = P2^5;
sbit LCD1602_RS = P2^6;
void LCD_WriteCmd(u8 cmd);
void LCD_WriteData(u8 dat);
void LcdInit();
void LCD_Clear();
void LCD_Dispstring(u8 x, u8 line, u8 * p);
#endif
```

2.I2C.h 文件

```
#ifndef _I2C_H_
#define _I2C_H_
#include <reg52.h>


sbit SCL = P2^1;
sbit SDA = P2^0;


void I2cStart();
void I2cStop();
unsigned char I2cSendByte(unsigned char dat);
unsigned char I2cReadByte();
void At24c02Write(unsigned char addr, unsigned char dat);
unsigned char At24c02Read(unsigned char addr);
#endif
```

3.Temp.h 文件

```
#ifndef _temp_H_
#define _temp_H_


#include "public.h"


sbit DSPORT = P3^7;


void Delay1ms(unsigned int );
unsigned char Ds18b20Init();
```

```
void Ds18b20WriteByte(unsigned char com);
unsigned char Ds18b20ReadByte();
void Ds18b20ChangTemp();
void Ds18b20ReadTempCom();
short Ds18b20ReadTemp();
#endif
```

4.Public.h 文件:

```
#ifndef _public_H
#define_public_H

#include "reg52.h"

typedef unsigned char u8;
typedef unsigned int u16;

void delay(u16 i);

#endif
```

5.main.c 文件

```
#include" public.h"
#include" lcd.h"
#include" temp.h"
#include" i2c.h"
sbit k3 = P3^0;                          //设置温度的上、下限
sbit k1 = P3^1;                          //加
sbit k2 = P3^2;                          //减
sbit led = P2^4;                         //报警指示灯
sbit beep = P1^5;                        //蜂鸣器报警
char set_templ = 22, set_temph = 40;     //设定温度的上、下限默认值
u16 temp_val;                            //检测的实际温度
u8 mode;                                 //温度模式
/*温度数据处理函数*/
void Temp_DataPros()
```

```c
{
    short temp;
    u8 temp_buf[5];
    temp = Ds18b20ReadTemp();
    temp_val = temp;
    if(temp<0)
    {
        temp = -temp;
        LCD_Dispstring(2+5, 0, "-");        //显示负温度的负号
    }
    else
    {
        LCD_Dispstring(2+5, 0, " ");        //显示空格
    }
    temp_buf[0] = temp/100+0x30;            //显示温度十位
    temp_buf[1] = temp%100/10+0x30;         //显示温度个位
    temp_buf[2] = '.';                      //显示小数点
    temp_buf[3] = temp%100%10+0x30;         //显示小数点后一位
    temp_buf[4] = '/0';                     //显示结束
    LCD_Dispstring(2+6, 0, temp_buf);       //显示检测的温度"××.×"
    temp_buf[0] = set_temph/10+0x30;
    temp_buf[1] = set_temph%10+0x30;
    temp_buf[2] = '/0';
    LCD_Dispstring(5, 1, temp_buf);         //显示设定的温度上限值"××"
    temp_buf[0] = set_templ/10+0x30;
    temp_buf[1] = set_templ%10+0x30;
    temp_buf[2] = '/0';
    LCD_Dispstring(14, 1, temp_buf);        //显示设定的温度下限值"××"
}
#define   K1_MODE   1                       //K3 为上、下阈值模式选择键
#define   K2_ADD    2                       //K1 为阈值增加键
#define   K3_DEC    3                       //K2 为阈值减小键
u8 KEY_Scan(u8 mode)                        //mode：0 为单次扫描，1 为连续扫描
{
```

```
        static u8 key = 1;
        if(key&&(k1 == 0 || k2 == 0 || k3 == 0))    //有阈值设置键按下
        {
            delay(1000);                        //消抖
            key = 0;
            if(k3 == 0)
            {
                return K1_MODE;
            }
            else if(k1 == 0)
            {
                return K2_ADD;
            }
            else if(k2 == 0)
            {
                return K3_DEC;
            }
        }
        else if(k1 == 1&&k2 == 1&&k3 == 1)        //没有阈值设置键按下
        {
            key = 1;
        }
            if(mode)
        {
        key = 1;
    }
    return 0;
    }
/*按键处理函数*/
void KEY_Pros()
{
    u8 key;
    u8 temph_buf[3];
    key = KEY_Scan(0);                        //按键扫描
```

```
if( key = = K1_MODE)                        //阈值设置键按下时
{
    mode++;
    LCD_Clear( );
    if( mode = = 1)                         //设置阈值上限
    {
        LCD_Dispstring(0, 0,"SETH：    C");
    }
    else if( mode = = 2)                    //设置阈值下限
    {
        LCD_Dispstring(0, 1,"SETL：    C");
    }
    else
    {
        mode = 0;
        LCD_Dispstring(2, 0,"Temp：    C");
        LCD_Dispstring(0, 1,"SETH：    ");
        LCD_Dispstring(9, 1,"SETL：    ");
    }
}
if( mode = = 1)                             //温度上限设置
{
    switch( key)
    {
        case K2_ADD：                       //增加时
                set_temph++;
                if( set_temph> = 80) set_temph = 80;
                break;
        case K3_DEC：                       //减小时
                set_temph--;
                if( set_temph< = 0) set_temph = 0;
                break;
    }
    temph_buf[0] = set_temph/10+0x30;        //阈值上限十位转 ASCII 码
```

```
        temph_buf[1]=set_temph%10+0x30;          //阈值上限个位转 ASCII 码
        temph_buf[2]='/0';
        LCD_Dispstring(6, 0, temph_buf);          //显示阈值上限
        At24c02Write(0, set_temph);               //保存阈值上限
}
else if(mode==2)                                  //温度下限设置
{
    switch(key)
    {
        case K2_ADD：                              //按下增加键
                set_templ++;
                if(set_templ>=80)set_templ=80;
                break;
        case K3_DEC：                              //按下减小键
                set_templ--;
                if(set_templ<=0)set_templ=0;
                break;
    }
    temph_buf[0]=set_templ/10+0x30;               //阈值下限十位转 ASCII 码
    temph_buf[1]=set_templ%10+0x30;               //阈值下限十位转 ASCII 码
    temph_buf[2]='/0';
    LCD_Dispstring(6, 1, temph_buf);              //显示阈值下限
    At24c02Write(2, set_templ);                   //保存阈值下限
  }
}
    void sound()
    {
        u8 i=50;
        while(i--)
        {
        beep=! beep;
        delay(10);
        }
    }
```

```
/ * 温度阈值比较函数 * /
void TempData_Compare( )
{
    if( temp_val>set_temph * 10)            //实际温度高于上限值, 报警, 散热
    {
        led = 1;
        moto = 1;
        relay = 1;
        sound( );
    }
    else if( temp_val<set_templ * 10)       //实际温度低于下限值, 报警, 加热
    {
        led = 1;
        moto = 0;
        relay = 0;
        sound( );
    }
    else                                    //实际温度在下限值和上限值之间, 取消
                                            //  报警, 取消加热, 取消散热
    {
        moto = 0;
        led = 0;
        relay = 1;
    }
}
/ * 开机显示函数 * /
void kai_display( )
{
    if( At24c02Read( 255)! = 18)            //提前向 24c02 写一个数, 保存温度上、
                                            //  下限值
    {
        At24c02Write( 0, set_temph);
        At24c02Write( 2, set_templ);
        At24c02Write( 255, 18);
```

```
        }
        else                                    //开机后读出温度上、下限值
        {
            set_temph = At24c02Read(0);
            set_templ = At24c02Read(2);
        }
        LCD_Dispstring(2, 0,"Temp:      C");    //显示字符串
        LCD_Dispstring(0, 1,"SETH:    ");
        LCD_Dispstring(9, 1,"SETL:    ");
}
void main()
{
    moto = 0;
    led = 0;
    relay = 1;
    LCD_Init();
    kai_display();
    while(1)
    {
        if(mode == 0)
            Temp_DataPros();                    //温度数据处理
        KEY_Pros();                             //按键处理
        TempData_Compare();                     //温度数据比较
    }
}
```

6.LCD.c 文件

```
#include"lcd.h"
```

/ *

* 函数名：Lcd1602_Delay1 ms

* 函数功能：延时函数，延时 1 ms

* 输入：c

* 输出：无

* 说明：该函数是在 12 MHz 晶振下，12 分频单片机的延时

```
*************************************************/
void Lcd1602_Delay1 ms(uint c)                  //误差 0 μs
{
    uchar a, b;
    for ( ; c>0; c--)
    {
        for (b=199; b>0; b--)
        {
            for(a=1; a>0; a--);
        }
    }
}
#ifndef LCD1602_4PINS                           //当没有定义这个 LCD1602_4PINS 时
void LCD_WriteCmd(uchar com)                    //写入命令
{
    LCD1602_E=0;                                //使能
    LCD1602_RS=0;                               //选择发送命令
    LCD1602_RW=0;                               //选择写入
    LCD1602_DATAPINS=com;                       //写入命令
    Lcd1602_Delay1 ms(1);                       //等待数据稳定
    LCD1602_E=1;                                //写入时序
    Lcd1602_Delay1 ms(5);                       //保持时间
    LCD1602_E=0;
}
#else
void LCD_WriteCmd(uchar com)                    //写入命令
{
    LCD1602_E=0;                                //使能清零
    LCD1602_RS=0;                               //选择写入命令
    LCD1602_RW=0;                               //选择写入
    LCD1602_DATAPINS=com;                       //由于 4 位的接线是接到 P0 口的高 4
                                                //  位, 所以传送高 4 位不用改

    Lcd1602_Delay1 ms(1);
    LCD1602_E=1;                                //写入时序
```

```
        Lcd1602_Delay1 ms(5);
        LCD1602_E=0;
        Lcd1602_Delay1 ms(1);
        LCD1602_DATAPINS=com<<4;            //发送低4位
        Lcd1602_Delay1 ms(1);
        LCD1602_E=1;                        //写入时序
        Lcd1602_Delay1 ms(5);
        LCD1602_E=0;
    }
#endif
/ * * * * * * * * * * * * * * * * * * * * * * * * * * * * * * * * * * * * * *
 *  函数名: LcdWriteData(uchar dat)
 *  函数功能: 向LCD写入一个字节的数据
 *  输入: dat
 *  输出: 无
 * * * * * * * * * * * * * * * * * * * * * * * * * * * * * * * * * * * * * * */
#ifndef LCD1602_4PINS
void LCD_WriteData(uchar dat)              //写入数据
{
    LCD1602_E=0;                          //使能清零
    LCD1602_RS=1;                         //选择输入数据
    LCD1602_RW=0;                         //选择写入
    LCD1602_DATAPINS=dat;                 //写入数据
    Lcd1602_Delay1 ms(1);
    LCD1602_E=1;                          //写入时序
    Lcd1602_Delay1 ms(5);                 //保持时间
    LCD1602_E=0;
}
#else
void LCD_WriteData(uchar dat)             //写入数据
{
    LCD1602_E=0;                          //使能清零
    LCD1602_RS=1;                         //选择写入数据
    LCD1602_RW=0;                         //选择写入
```

```
        LCD1602_DATAPINS = dat;              //由于 4 位的接线是接到 P0 口的高 4
                                             位, 所以传送高 4 位不用改

        Lcd1602_Delay1 ms(1);
        LCD1602_E = 1;                       //写入时序
        Lcd1602_Delay1 ms(5);
        LCD1602_E = 0;
        LCD1602_DATAPINS = dat<<4;           //写入低 4 位
        Lcd1602_Delay1 ms(1);
        LCD1602_E = 1;                       //写入时序
        Lcd1602_Delay1 ms(5);
        LCD1602_E = 0;
}
#endif
/ * * * * * * * * * * * * * * * * * * * * * * * * * * * * * * * * * * * *
* 函数名: LcdInit()
* 函数功能: 初始化 LCD1602
* 输入: 无
* 输出: 无
* * * * * * * * * * * * * * * * * * * * * * * * * * * * * * * * * * * * * * */
#ifndefLCD1602_4PINS
void LcdInit()                               //LCD 初始化子程序
{
        LCD_WriteCmd(0x38);                  //开显示
        LCD_WriteCmd(0x0c);                  //显示开光标设置
        LCD_WriteCmd(0x06);                  //写一个指针加 1
        LCD_WriteCmd(0x01);                  //清屏
        LCD_WriteCmd(0x80);                  //设置数据指针起点
}
#else
void LCD_Init()                              //LCD 初始化子程序
{
        LCD_WriteCmd(0x32);                  //将 8 位总线转为 4 位总线
        LCD_WriteCmd(0x28);                  //在 4 位线下的初始化
        LCD_WriteCmd(0x0c);                  //显示开光标设置
```

```
        LCD_WriteCmd(0x06);                    //写一个指针加1
        LCD_WriteCmd(0x01);                    //清屏
        LCD_WriteCmd(0x80);                    //设置数据指针起点
}
#endif
/* * * * * * * * * * * * * * * * * * * * * * * * * * * * * * * * * * *
 * 函数名：LCD_Clear()
 * 函数功能：清屏函数
 * 输入：无
 * 输出：无
 * * * * * * * * * * * * * * * * * * * * * * * * * * * * * * * * * * */
void LCD_Clear()
{
        LCD_WriteCmd(0x01);
        LCD_WriteCmd(0x80);
}
//在任何位置显示字符串
/* * * * * * * * * * * * * * * * * * * * * * * * * * * * * * * * * * *
 * 函数名：LCD_Dispstring(u8 x, u8 line, u8 *p)
 * 函数功能：指针方式显示字符
 * 输入：x, line, *p
 * 输出：无
 * * * * * * * * * * * * * * * * * * * * * * * * * * * * * * * * * * */
void LCD_Dispstring(u8 x, u8 line, u8 *p)
{
        char i=0;
        if(line<1)                             //第1行显示
        {
                while(*p!='/0')
                {
                        if(i<16-x)
                        {
                                LCD_WriteCmd(0x80+i+x);
                        }
```

```
            else
            {
                LCD_WriteCmd(0x40+0x80+i+x-16);
            }
            LCD_WriteData( * p);
            p++;
            i++;
        }
    }
    else                                        //第2行显示
    {
        while( * p! ='/0')
        {
            if(i<16-x)
            {
                LCD_WriteCmd(0X80+0X40+i+x);
            }
            else
            {
                LCD_WriteCmd(0X80+i+x-16);
            }
            LCD_WriteData( * p);
            p++;
            i++;
        }
    }
}
```

7.DS18B20.c 文件

```
#include" temp.h"
/ * * * * * * * * * * * * * * * * * * * * * * * * * * * * * * * * * * * * * * * *
 * 函数名：Delay1ms( unsigned int y)
 * 函数功能：延时函数
 * 输入：无
```

```
*  输出: 无
* * * * * * * * * * * * * * * * * * * * * * * * * * * * * * * * * * * * */
void Delay1ms(unsigned int y)
{
    unsigned int x;
    for(y; y>0; y--)
        for(x=110; x>0; x--);
}
/* * * * * * * * * * * * * * * * * * * * * * * * * * * * * * * * * * * * *
*  函数名: Ds18b20Init()
*  函数功能: 初始化
*  输入: 无
*  输出: 初始化成功返回1, 失败返回0
* * * * * * * * * * * * * * * * * * * * * * * * * * * * * * * * * * * * */
unsigned char Ds18b20Init()
{
    unsigned int i;
    DSPORT=0;                        //将总线拉低480~960 μs
    i=70;
    while(i--);                      //延时642 μs
    DSPORT=1;                        //然后拉高总线, 如果DS18B20做出反
                                     //  应, 在15~60 μs后将总线拉低
    i=0;
    while(DSPORT)                    //等待DS18B20拉低总线
    {
        i++;
        if(i>5000)                   //等待大于5 ms
            return 0;                //初始化失败
    }
    return 1;                        //初始化成功
}
/* * * * * * * * * * * * * * * * * * * * * * * * * * * * * * * * * * * * *
*  函数名: Ds18b20WriteByte(unsigned char dat)
*  函数功能: 向18b20写入一个字节
```

```
 * 输入: com
 * 输出: 无
 * * * * * * * * * * * * * * * * * * * * * * * * * * * * * * * * * * * * */
void Ds18b20WriteByte( unsigned char dat )
{
    unsigned int i, j;
    for( j=0; j<8; j++)
    {
        DSPORT = 0;                    //每写入一位数据之前先把总线拉低
                                         1 μs
        i++;
        DSPORT = dat&0x01;             //然后写入一个数据, 从最低位开始
        i = 6;
        while( i-- );                  //延时 68 μs, 持续时间最少 60 μs
        DSPORT = 1;                    //然后释放总线, 至少给总线 1 μs 恢复
                                         时间才能写入第二个数值
        dat>>=1;
    }
}

/ * * * * * * * * * * * * * * * * * * * * * * * * * * * * * * * * * * * * *
 * 函数名: Ds18b20ReadByte( )
 * 函数功能: 读取一个字节
 * 输入: com
 * 输出: 无
 * * * * * * * * * * * * * * * * * * * * * * * * * * * * * * * * * * * * */
unsigned char Ds18b20ReadByte( )
{
    unsigned char byte, bi;
    unsigned int i, j;
    for( j=8; j>0; j--)
    {
        DSPORT = 0;                    //先将总线拉低 1 μs
        i++;
        DSPORT = 1;                    //然后释放总线
```

```
        i++;

        i++;                            //延时 6 μs 等待数据稳定

        bi = DSPORT;                    //读取数据,从最低位开始读取
/*将 byte 左移一位,然后"与"操作右移 7 位后的 bi,注意移动之后移掉那位补 0*/
        byte = (byte>>1) | (bi<<7);

        i = 4;                          //读取完之后等待 48 μs 再读取下一个数

        while(i--);

    }

    return byte;

}
/* * * * * * * * * * * * * * * * * * * * * * * * * * * * * * * * * * *
* 函 数 名:Ds18b20ChangTemp()
* 函数功能:让 18b20 开始转换温度
* 输入:com
* 输出:无
* * * * * * * * * * * * * * * * * * * * * * * * * * * * * * * * * * * */
void   Ds18b20ChangTemp()
{
    Ds18b20Init();

    Delay1 ms(1);

    Ds18b20WriteByte(0xcc);             //跳过 ROM 操作命令

    Ds18b20WriteByte(0x44);             //温度转换命令

    Delay1 ms(100);                     //等待转换成功,如果是一直刷,那么就
                                        不用延时

}
/* * * * * * * * * * * * * * * * * * * * * * * * * * * * * * * * * * *
* 函数名:Ds18b20ReadTempCom()
* 函数功能:发送读取温度命令
* 输入:com
* 输出:无
* * * * * * * * * * * * * * * * * * * * * * * * * * * * * * * * * * * */
void   Ds18b20ReadTempCom()
{
    Ds18b20Init();
```

```
    Delay1 ms(1);
    Ds18b20WriteByte(0xcc);              //跳过 ROM 操作命令
    Ds18b20WriteByte(0xbe);              //发送读取温度命令
}
/***************************************************
* 函数名：Ds18b20ReadTemp()
* 函数功能：读取温度
* 输入：com
* 输出：无
***************************************************/
short Ds18b20ReadTemp()
{
    unsigned char temp=0;
    unsigned char tmh,tml;
    short tem;
    Ds18b20ChangTemp();                  //先写入转换命令
    Ds18b20ReadTempCom();                //然后等待转换完后发送读取温度命令
    tml=Ds18b20ReadByte();               //读取温度值,共16位,先读低字节
    tmh=Ds18b20ReadByte();               //再读高字节
    if(tmh>7)                            //高8位大于7
    {
        tmh=~tmh;                        //取反
        tml=~tml;
        temp=0;                          //温度为负
    }
    else
    {
        temp=1;                          //温度为正
    }
    tem=tmh;                             //获得高8位
    tem<<=8;
    tem|=tml;                            //获得低8位
    tem=(double)tem*0.625*10;            //转换后放大10倍,精度为0.1
    if(temp)
```

```
        return tem;                           //返回温度值
    else
        return -tem;
}
```

8.IIC.c 文件

```c
#include"i2c.h"
/ * * * * * * * * * * * * * * * * * * * * * * * * * * * * * * * * * * * * *
* 函数名：Delay10us( )
* 函数功能：延时 10 μs
* 输入：无
* 输出：无
* * * * * * * * * * * * * * * * * * * * * * * * * * * * * * * * * * * * * * */
void Delay10us( )
{
    unsigned char a, b;
    for(b=1; b>0; b--)
        for(a=2; a>0; a--);
}
/ * * * * * * * * * * * * * * * * * * * * * * * * * * * * * * * * * * * * *
* 函数名：I2cStart( )
* 函数功能：起始信号；在 SCL 时钟信号高电平期间，SDA 信号产生一个下降沿
* 输入：无
* 输出：无
* 备注：起始之后 SDA 和 SCL 都为"0"
* * * * * * * * * * * * * * * * * * * * * * * * * * * * * * * * * * * * * * */
void I2cStart( )
{
    SDA=1;
    Delay10us( );
    SCL=1;
    Delay10us( );                //建立时间，SDA 保持时间大于 4.7 μs
    SDA=0;
    Delay10us( );                //保持时间大于 4 μs
```

```
    SCL=0;
    Delay10us();
}
/* * * * * * * * * * * * * * * * * * * * * * * * * * * * * * * * * * *
* 函数名: I2cStop()
* 函数功能: 终止信号; 在 SCL 时钟信号高电平期间, SDA 信号产生一个上升沿
* 输入: 无
* 输出: 无
* 备注: 结束之后保持 SDA 和 SCL 都为"1"; 表示总线空闲
* * * * * * * * * * * * * * * * * * * * * * * * * * * * * * * * * * */
void I2cStop()
{
    SDA=0;
    Delay10us();
    SCL=1;
    Delay10us();                          //建立时间大于 4.7 μs
    SDA=1;
    Delay10us();
}
/* * * * * * * * * * * * * * * * * * * * * * * * * * * * * * * * * * *
* 函数名: I2cSendByte(unsigned char dat)
* 函数功能: 通过 I2c 发送一个字节, 在 SCL 时钟信号高电平期间, 保持发送信号, SDA
*           保持稳定
* 输入: num
* 输出: 0 或 1; 发送成功返回 1, 发送失败返回 0
* 备注: 发送完一个字节, SCL=0, SDA=1
* * * * * * * * * * * * * * * * * * * * * * * * * * * * * * * * * * */
unsigned char I2cSendByte(unsigned char dat)
{
    unsigned char a=0, b=0;               //最大 255, 一个机器周期为 1 μs, 最大
                                          延时 255 μs
    for(a=0; a<8; a++)                    //要发送 8 位, 从最高位开始
    {
        SDA=dat>>7;                       //起始信号之后, SCL=0, 所以可以直接
```

改变 SDA 信号

```
        dat = dat<<1;
        Delay10us( );
        SCL = 1;
        Delay10us( );              //建立时间大于 4.7 μs
        SCL = 0;
        Delay10us( );              //时间大于 4 μs
    }
    SDA = 1;
    Delay10us( );
    SCL = 1;
    while( SDA )                   //等待应答,即等待从设备把 SDA 拉低
    {
        b++;
        if( b>200 )                //若超过 2000 μs 没有应答,则发送失
                                   败;或者为非应答,表示接收结束
        {
            SCL = 0;
            Delay10us( );
            return 0;
        }
    }
    SCL = 0;
    Delay10us( );
    return 1;
}
/ * * * * * * * * * * * * * * * * * * * * * * * * * * * * * * * * * * *
 * 函数名:I2cReadByte( )
 * 函数功能:使用 I2c 读取一个字节
 * 输入:无
 * 输出:dat
 * 说明:接收完一个字节, SCL = 0, SDA = 1
 * * * * * * * * * * * * * * * * * * * * * * * * * * * * * * * * * * * * /
unsigned char I2cReadByte( )
```

```
{
    unsigned char a = 0, dat = 0;
    SDA = 1;                              //起始和发送一个字节之后, SCL 都是 0
    Delay10us();
    for(a = 0; a < 8; a++)                //接收 8 B
    {
        SCL = 1;
        Delay10us();
        dat << = 1;
        dat | = SDA;
        Delay10us();
        SCL = 0;
        Delay10us();
    }
    return dat;
}
```

```
/* * * * * * * * * * * * * * * * * * * * * * * * * * * * * * * * * * * * * * *
* 函数名: void At24c02Write(unsigned char addr, unsigned char dat)
* 函数功能: 往 24c02 的一个地址写入一个数据
* 输入: 无
* 输出: 无
* * * * * * * * * * * * * * * * * * * * * * * * * * * * * * * * * * * * * * * */
void At24c02Write(unsigned char addr, unsigned char dat)
{
    I2cStart();
    I2cSendByte(0xa0);                    //发送写器件地址
    I2cSendByte(addr);                    //发送要写入内存地址
    I2cSendByte(dat);                     //发送数据
    I2cStop();
}
```

```
/* * * * * * * * * * * * * * * * * * * * * * * * * * * * * * * * * * * * * * *
* 函数名: unsigned char At24c02Read(unsigned char addr)
* 函数功能: 读取 24c02 的一个地址的一个数据
* 输入: 无
```

＊ 输出：无

＊＊＊／

```
unsigned char At24c02Read(unsigned char addr)
{
    unsigned char num;
    I2cStart();
    I2cSendByte(0xa0);              //发送写器件地址
    I2cSendByte(addr);             //发送要读取的地址
    I2cStart();
    I2cSendByte(0xa1);             //发送读器件地址
    num=I2cReadByte();            //读取数据
    I2cStop();
    return num;
}
```

【任务评估】

（1）使用按键、1602 液晶、AT24C02 编写一个简单的密码锁程序。

（2）画出本项目中 1602 液晶、AT24C02 的二总线引脚、DS18B20 的单总线引脚与单片机 I/O 口引脚间的具体连接电路。

（3）利用定时器产生一个 0~99 s 变化的秒表，并且显示在数码管上，每过 1 s 将这个变化的数写入板上 AT24C02 内部。当关闭实验板电源及再次打开实验板电源时，单片机首先从 AT24C02 中将原来写入的数读取出来，然后此数继续变化并显示在数码管上。

（4）结合 DS1302 的电子钟实例，加入温度显示，制作一个带温度显示的万年历。

项目七

数字电压表

任务一　PCF8591 的 A/D 转换原理

【知识目标】

❖ 认识 A/D 转换性能参数；

❖ 分析 A/D 转换的工作原理；

❖ 熟知 PCF8591 芯片的结构、引脚功能；

❖ 熟悉 PCF8591 芯片的 A/D 转换功能与过程；

❖ 熟记 PCF8591 芯片的 D/A 转换功能的使用方法。

【能力目标】

❖ 能根据 A/D 转换芯片位数换算分辨率大小；

❖ 能正确连接 PCF8591 的 A/D 转换芯片与单片机；

❖ 能正确运用 PCF8591 芯片实现 A/D 转换功能；

❖ 能正确运用 PCF8591 芯片实现 D/A 转换功能。

【任务描述】

利用 PCF8591 芯片的 A/D 转换功能，采集 4 路模拟电压信号，并将采集的模拟信号转换的数字信号数值串行发送到 PC。

利用 PCF8591 芯片的 A/D 转换功能，采集第 3 通道的模拟电压信号，并将转换后的数字信号利用 PCF8591 芯片的 D/A 转换功能转换为模拟信号，为 LED 供电。

一、A/D 转换指标

51 单片机是一个典型的数字系统，系统内部运算时使用的全部是数字量，即 0 和 1。因此，对单片机系统而言，其无法直接操作电压或电流的模拟量，必须将电压或电流的模拟量转换成数字量才能被单片机识别。所谓数字量，就是用一系列 0 和 1 组成的二进制代码表示某个信号大小的量。用数字量表示同一个模拟量时，数字位数可以多也可以少，位数越多表示的精度越高，位数越少表示的精度越低。

ADC(analog to digital converter) 也称为模数转换器，是指将模拟信号转变为数字信号的电子电路。单片机在采集模拟信号时，通常需要在前端加上 A/D 芯片。下面介绍 ADC 的主要技术指标。

1.分辨率

分辨率表明 ADC 对模拟信号的分辨能力，由它确定能被 ADC 辨别的最小模拟量的变化。一般来说，ADC 转换器的位数越多，其分辨率则越高。实际的 ADC 转换器，通常为 8，10，12，16 位等。例如，12 位 ADC 的分辨率就是 12 位，或者说分辨率为满刻度的 $1/2^{12}$。一个 10 V 满刻度的 12 位 ADC 能分辨输入电压变化最小值是 $10 \times 1/2^{12} = 2.4$ mV。

2.量化误差

在 A/D 转换中，由于量化将产生固有误差，量化误差通常为 ±1/2LSB(最低有效位)。

例如，一个 8 位的 ACD，它把输入电压信号分成 $2^8 = 256$ 层，若它的量程为 0~5 V，那么量化单位

$$q = \frac{电量的测量范围}{2^n} = \frac{5}{256} \approx 0.0195 \text{ V} = 19.5 \text{ mV}$$

q 正好是 A/D 输出的数字量中 LSB = 1 时所对应的电压值。因此，这个量化误差的绝对值是 ADC 的分辨率和满量程范围的函数。

3.转换时间

转换时间是 A/D 完成一次转换所需要的时间。一般转换速度越快越好，常见的转换时间有高速(转换时间小于 1 μs)、中速(转换时间小于 1 ms) 和低速(转换时间小于 1 s) 等。

4.绝对精度

对于 ADC，绝对精度是指对应于一个给定模拟量，ADC 的误差。其误差大小由实际模拟量输入值与理论值之差来度量。

5.相对精度

对于 ADC 转换，相对精度是指满度值校准以后，任一数字输出所对应的实际模拟输

入值(中间值)与理论值(中间值)之差。例如,对于一个8位0~5 V的ADC,若其相对误差为1 LSB,则其绝对误差为19.5 mV,相对误差为0.39%。

ADC按照信号转换形式,可分为直接A/D型和间接A/D型。直接A/D转换器将模拟信号直接转化为数字信号。这类A/D转换器具有较快的转换速度,其典型电路有并联比较型A/D转换器、逐次逼近型A/D转换器。间接A/D转换器先将模拟信号转化为某一中间量(时间或频率),再将中间量转化为数字量输出。此类A/D转换器的速度较慢,典型电路有双积分型A/D转换器、电压频率转换型A/D转换器。

逐次逼近型ADC包括n位逐次比较型A/D转换器(如图7-1所示)。该转换器由控制逻辑电路、时序产生器、移位寄存器、D/A转换器及电压比较器组成。

逐次比较型A/D转换器,就是将输入模拟信号与不同的参考电压做多次比较,使转换所得的数字量在数值上逐次逼近输入的模拟量对应值。

图7-1中所示电路的工作原理如下。启动脉冲启动后,在第一个时钟脉冲作用下,控制电路使时序产生器的最高位置1,其他位置0,其输出经数据寄存器将1000…0送入D/A转换器。输入电压首先与D/A转换器输出电压($V_{\mathrm{REF}}/2$)相比较:若$v_{\mathrm{i}} \geq V_{\mathrm{REF}}/2$,比较器输出为1;若$v_{\mathrm{i}} < V_{\mathrm{REF}}/2$,则比较器输出为0。比较结果存于数据寄存器的$D_{n-1}$位。然后在第二个CP作用下,移位寄存器的次高位置1,其他低位置0。如最高位已存1,则此时$v_{\mathrm{o}}' = 3/4 V_{\mathrm{REF}}$。于是$v_{\mathrm{i}}$再与$3/4 V_{\mathrm{REF}}$相比较,如$v_{\mathrm{i}} \geq 3/4 V_{\mathrm{REF}}$,则次高位$D_{n-2}$存1,否则$D_{n-2} = 0$;如最高位为0,则$v_{\mathrm{o}}' = V_{\mathrm{REF}}/4$,与$v_{\mathrm{o}}'$比较,如$v_{\mathrm{i}} \geq V_{\mathrm{REF}}/4$,则$D_{n-2}$位存1,否则存0;以此类推,逐次比较得到输出数字量。

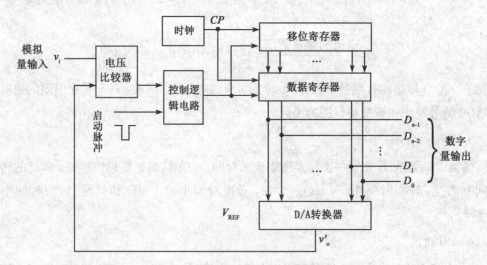

图7-1 逐次比较型A/D转换器框图

二、PCF8591 芯片介绍

1.概述

PCF8591 芯片是一种具有 IIC 总线接口的 8 位 A/D, D/A 转换芯片, 在与 CPU 的信息传输过程中仅靠时钟线 SCL 和数据线 SDA 就可以实现。IIC 总线是 Philips 公司推出的串行总线, 它与传统的通信方式相比, 具有读写方便、结构简单、可维护性好、易实现系统扩展、易实现模块化标准化设计、可靠性高等优点。

PCF8591 芯片为单一电源供电 (2.5~6.0 V), 典型值为 5 V, CMOS 工艺 PCF8591 芯片有 4 路 8 位 A/D 输入, 属于逐次逼近型。逐次逼近型转换过程和用天平称重物非常相似。天平称重物过程是从最重的砝码开始试放, 与被称物体进行比较, 若物体重于砝码, 则该砝码保留, 否则移去砝码; 再加上次重砝码, 由物体的重量是否大于两个砝码的总重量决定第二个砝码是留下还是移去; 以此类推, 一直加到最小重量的砝码为止; 将所有留下砝码的重量相加, 就得到此物体的重量。仿照这一思路, 逐次比较型 A/D 转换器, 就是将输入模拟信号与不同的参考电压做多次比较, 使转换所得的数字量在数值上逐次逼近模拟量的对应值。并且, PCF8591 芯片内含采样保持电路, 1 路 8 位 D/A 输出, 内含有 DAC 的数据寄存器 A/D, D/A 的最大转换速率约为 11 kHz, 但是转换的基准电源需由外部提供。PCF8591 芯片的引脚如图 7-2 所示, 引脚功能如表 7-1 所列。

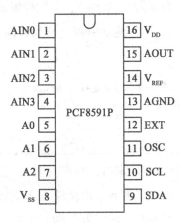

图 7-2　PCF8591 引脚图

表 7-1　PCF8591 芯片引脚功能

引脚序号	引脚名称	功能描述
1~4	AIN0~AIN3	模拟信号输入端 0~5 V
5~7	A0~A2	器件硬件地址输入端, 由硬件电路决定
16, 8	V_{DD}, V_{SS}	电源、地

表 7-1(续)

引脚序号	引脚名称	功能描述
9, 10	SDA, SCL	IC 总线的数据线、时钟线
11	OSC	外部时钟输入端,内部时钟输出端
12	EXT	时钟选择线,EXT=0,使用内部时钟;EXT=1,使用外部时钟
13	AGND	模拟信号地
15	AOUT	D/A 转换输出端基准电源端(0.6~5 V),取值大小影响 D/A 转换输出电压
14	V_{REF}	当取值等于为 V_{DD} 时,输出电压为 0~5 V

2.PCF8591 芯片功能描述

(1)器件地址。

PCF8591 芯片内部的可编程功能控制字有 2 个:一个为地址选择字,另一个为转换控制字。PCF8591 芯片采用典型的 IIC 总线接口的器件寻址方法,即总线地址由器件地址引脚地址和方向位组成。Philips 公司规定 A/D 器件高 4 位地址为 1001,低 3 位地址为引脚地址 A0,A1,A2,如表 7-2 所列。因此,IIC 系统中最多可接 $8(2^3)$ 个具有总线接口的 A/D 器件。地址的最后一位为方向位($R/\overline{W}$),当主控器对 A/D 器件进行读操作时为 1,进行写操作时为 0。操作时,由器件地址引脚地址和方向位组成的从地址为主控器发送的第一个字节。

表 7-2　地址选择字格式描述

D7	D6	D5	D4	D3	D2	D1	D0
1	0	0	1	A2	A1	A0	$R/\overline{W}$

① D0:读/写控制位,对转换器件进行读操作时为 1,进行写操作时为 0。

② D1,D2,D3:引脚硬件地址设置位,由硬件电路设定 PCF8591 芯片的物理地址。

③ D7,D6,D5,D4:器件地址位,固定为 1001。

(2)转换控制字。

PCF8591 芯片的转换控制字存放在控制寄存器中,用于实现器件的各种功能,总线操作时为主控器发送的第二字节。转换控制字的格式描述如表 7-3 所列。

表 7-3　转换控制字格式描述

D7	D6	D5	D4	D3	D2	D1	D0

① D0,D1:通道选择位。00 为通道 0,01 为通道 1,10 为通道 2,11 为通道 3。

② D2：自动增量允许位。为1时，每对一个通道转换后自动切换到下一通道进行转换；为0时，不自动进行通道转换，可通过软件修改进行通道转换。

③ D3：特征位，固定为0。

④ D4，D5：模拟量输入方式选择位。00为输入方式0，四路单端输入；01为输入方式1，三路差分输入；10为输入方式2，二路单端输入，一路差分输入；11为输入方式3，二路差分输入。

⑤ D6：模拟输出允许位，A/D转换时设置为0或1都可以（地址选择字D0位此时设置为1），D/A转换时必须设置为1（地址选择字D0位此时设置为0）。

⑥ D7：特征位，固定为0。

（3）D/A转换。

发送给PCF8591芯片的第三个字节被存储到D/A数据寄存器，并使用芯片上的D/A转换器，转换成对应的模拟电压。这个D/A转换器由连接至外部的参考电压的具有256个接头的电阻分压电路和选择开关组成。接头译码器切换一个接头至D/A输出线，模拟输出电压由自动清零单位增益放大器缓冲。这个缓冲放大器可通过设置控制寄存器的模拟输出允许标志来开户或关闭。在激活状态，输出电压将保持到新的数据字节被发送。芯片上D/A转换器也可用于逐次逼近A/D转换，为释放用于A/D转换周期的D/A，单位增益放大器还配备了一个跟踪和保持电路，在执行A/D转换时，该电路保持输出电压。

三、PCF8591芯片的A/D转换过程

1.PCF8591芯片的A/D转换

PCF8591芯片的A/D转换为逐次逼近型，在A/D转换周期中借用D/A及高增益比较器PCF8591进行写读操作后便立即启动A/D转换，并读出A/D转换结果；在每个应答信号的后沿触发转换周期，采样模拟电压并读出前一次转换后的结果。

A/D转换中，一旦A/D采样周期被触发，所选择通道的采样电压便被采样保存在保持电路中，并转换成8位二进制码（单端输入）或二进制补码（差分输入）存放在ADC数据寄存器中等待器件读出。若控制字节中自动增量选择位置1，则一次A/D转换完毕后自动选择下一通道。读周期中读出的第一个字节为前一个周期的转换结果。上电复位后读出的第一字节为80H。

PCF8591芯片的A/D转换亦使用的是IIC总线的读方式操作完成的，其数据操作格式如图7-3所示。

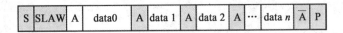

| S | SLAW | A | data0 | A | data 1 | A | data 2 | A | ⋯ | data n | $\overline{A}$ | P |

图7-3　A/D转换数据操作格式

图 7-3 中，data0～data$n$ 为 A/D 的转换结果，分别对应于前一个数据读取期间所采样的模拟电压。A/D 转换结束后，先发送一个非应答信号位 $\overline{A}$，再发送结束信号位 P。灰色底纹标注位由主机发出，白色底纹标注位由 PCF8591 芯片产生。上电复位后，控制字节状态为 00H，在 A/D 转换时须设置控制字，即须在读操作之前进行控制字节的写入操作。

2.PCF8591 芯片读/写数据过程

如前所述，单片机向 PCF8591 芯片写入数据时，第一个字节是器件的地址和读/写控制；第二个字节被存到控制寄存器，用于控制器件功能；第三个字节被存储到 DAC（数模转换器）数据寄存器，并使片上 D/A 转换器转换成对应的模拟电压。所以 PCF8591 芯片写数据过程如下：

① 发送 IIC 总线启动信号；

② 发送器件地址；

③ 应答；

④ 发送转换控制字；

⑤ 应答；

⑥ 发送 IIC 总线结束信号。

单片机读取数据时，读取的第一个字节是包含上一次转换结果的。将上一个字节读取时，才开始进行这次转换的采样。读取的第二个字节才是本次的转换结果。所以读取转换结果的过程如下：

① 发送 IIC 总线启动信号；

② 发送器件地址；

③ 应答；

④ 读取数据；

⑤ 发送非应答信号；

⑥ 发送 IIC 总线结束信号。

PCF8591 芯片进行 D/A 转换时，发送数据过程如下：

① 发送 IIC 总线启动信号；

② 发送器件地址；

③ 应答；

④ 发送转换控制字；

⑤ 应答；

⑥ 发送 D/A 数值；

⑦ 应答；

⑧ 发送 IIC 总线结束信号。

四、PCF8591 芯片的 A/D 转换功能的应用

1.任务要求

利用 PCF8591 芯片的 A/D 转换功能,采集 4 路模拟电压信号,并将采集的模拟信号转换成数字信号数值,并用串口发送到 PC。

2.硬件电路设计

整个系统包括 STC89C52 单片机最小系统、PCF8591 电路、4 路 A/D 转换通道(分别接入光敏电阻、热敏电阻、悬空、电位器)。PCF8591 芯片的硬件电路模块如图 7-4 所示,其中 P2 为跳线接口,P4,P5,P6 为短路帽接口。

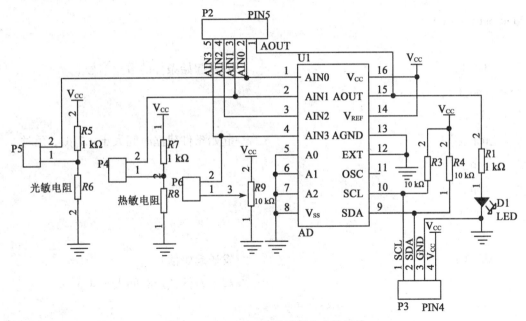

图 7-4　PCF8591 芯片的硬件电路模块

3.C 语言程序设计

PCF8591 芯片的 4 路 A/D 转换系统包括主函数、启动总线函数、结束总线函数、IIC 字节数据发送函数、IIC 字节数据接收函数、应答函数、PCF8591 写数据函数、PCF8591 读数据函数、D/A 转换函数、串口初始化函数、串口发送函数。其 C 语言程序如下。

```
#include<reg52.h>                    //包含单片机寄存器的头文件
#include <intrins.h>
#define   AddWr 0X90                 //PCF8591 地址
                                     //变量定义
unsigned char AD_CHANNEL=0;
```

```
unsigned long xdata  LedOut[8];
unsigned char  D[32];
sbit scl=P2^0;                              //I2C 时钟
sbit sda=P2^1;                              //I2C 数据
bit ack;                                    //应答标志位
unsigned char date;
/* * * * * * * * * * * * * * * * * * * * * * * * * * * * * * * * * * *
*                          起动总线函数
* 函数名: void    Start_I2c( )
* 功能: 启动 I2C 总线, 即发送 I2C 起始条件
* * * * * * * * * * * * * * * * * * * * * * * * * * * * * * * * * * * * */
void Start_I2c( )
{
    sda=1;                                  //发送起始条件的数据信号
    _nop_( );
    scl=1;
    _nop_( );                               //起始条件建立时间大于 4.7 μs, 延时
    _nop_( );
    _nop_( );
    _nop_( );
    sda=0;                                  //发送起始信号
    _nop_( );                               //起始条件锁定时间大于 4 μs
    _nop_( );
    _nop_( );
    _nop_( );
    scl=0;                                  //钳住 I2C 总线, 准备发送或接收数据
    _nop_( );
    _nop_( );
    }
/* * * * * * * * * * * * * * * * * * * * * * * * * * * * * * * * * * *
*                          结束总线函数
* 函数名: void    Stop_I2c( )
```

```
*功能: 结束 I2C 总线, 即发送 I2C 结束条件
* * * * * * * * * * * * * * * * * * * * * * * * * * * * * * * * * */
void Stop_I2c( )
{
    sda=0;                          //发送结束条件的数据信号
    _nop_( );                       //发送结束条件的时钟信号
    scl=1;                          //结束条件建立时间大于 4 μs
    _nop_( );
    _nop_( );
    _nop_( );
    _nop_( );
    _nop_( );
    sda=1;                          //发送 I2C 总线结束信号
    _nop_( );
    _nop_( );
    _nop_( );
    _nop_( );
}
/* * * * * * * * * * * * * * * * * * * * * * * * * * * * * * * * * *
*                         字节数据发送函数
*函数名: void    I2C_SendByte( UCHAR c );
*功能: 将数据 c 发送出去, 可以是地址, 也可以是数据, 发完后等待应答, 并对此状态
*      位进行操作, 不应答或非应答都使 ack=0。发送数据正常, ack=1; ack=0 表示
*      被控器无应答或损坏
* * * * * * * * * * * * * * * * * * * * * * * * * * * * * * * * * */
void    I2C_SendByte( unsigned char    c)
{
unsigned char    i;
for( i=0; i<8; i++)                 //要传送的数据长度为 8 位
    {
    if( ( c<<i) &0x80) sda=1;       //判断发送位
        else    sda=0;
    _nop_( );
    scl=1;                          //置时钟线为高, 通知被控器开始接收数据位
```

```
    _nop_();
    _nop_();                          //保证时钟高电平周期大于 4 μs
    _nop_();
    _nop_();
    _nop_();
    scl=0;
}
    _nop_();
    _nop_();
    sda=1;                            //8 位发送完后释放数据线，准备接收应答位
    _nop_();
    _nop_();
    scl=1;
    _nop_();
    _nop_();
    _nop_();
    if( sda==1) ack=0;
        else ack=1;                   //判断是否接收到应答信号
    scl=0;
    _nop_();
    _nop_();
}
```

```
/***********************************************
*                    字节数据接收函数
* 函数名：unsigned char   I2C_RcvByte( )
* 功能：用来接收从器件传来的数据，并判断总线错误(不发应答信号)，发完后请用
*       应答
*       函数应答从机
***********************************************/
unsigned char   I2C_RcvByte( )
{
    unsigned char   retc=0, i;
    sda=1;                            //置数据线为输入方式
    for( i=0; i<8; i++)
```

```
    {
        _nop_();
        scl = 0;                    //置时钟线为低,准备接收数据位
        _nop_();
        _nop_();                    //时钟低电平周期大于 4.7 μs
        _nop_();
        _nop_();
        _nop_();
        scl = 1;                    //置时钟线为高,使数据线上数据有效
        _nop_();
        _nop_();
        retc = retc<<1;
        if(sda == 1)retc = retc+1;  //读数据位,接收的数据位放入 retc 中
        _nop_();
        _nop_();
    }
    scl = 0;
    _nop_();
    _nop_();
    return(retc);
}
/ * * * * * * * * * * * * * * * * * * * * * * * * * * * * * * * * * * * * * *
*                        应答子函数
* 函数名: void Ack_I2c(bit a)
* 功能: 主控器进行应答信号(可以是应答或非应答信号,由位参数 a 决定)
* * * * * * * * * * * * * * * * * * * * * * * * * * * * * * * * * * * * * * * */
void Ack_I2c(bit a)
{
    if(a == 0)sda = 0;              //在此发出应答或非应答信号
    else sda = 1;                   //0 为发出应答,1 为非应答信号
    _nop_();
    _nop_();
    _nop_();
    scl = 1;
```

```
    _nop_();
    _nop_();                            //时钟低电平周期大于 4 μs
    _nop_();
    _nop_();
    _nop_();
    scl=0;                              //清时钟线，钳住 I2C 总线以便继续接收
    _nop_();
    _nop_();
}
/* * * * * * * * * * * * * * * * * * * * * * * * * * * * * * * * * * *
 * 函数名: Pcf8591_DaConversion
 * 函数功能: PCF8591 的输出端输出模拟量
 * 输入: addr(器件地址), channel(转换通道), value(转换的数值)
 * 输出: 无
 * * * * * * * * * * * * * * * * * * * * * * * * * * * * * * * * * * * */
bit Pcf8591_DaConversion(unsigned char addr, unsigned char channel, unsigned char Val)
{
    Start_I2c();                    //启动总线
    I2C_SendByte(addr);             //发送器件地址
    if(ack==0)return(0);
    I2C_SendByte(0x40|channel);     //发送控制字节
    if(ack==0)return(0);
    I2C_SendByte(Val);              //发送 DAC 的数值
    if(ack==0)return(0);
    Stop_I2c();                     //结束总线
    return(1);
}
/* * * * * * * * * * * * * * * * * * * * * * * * * * * * * * * * * * *
 * 函数名: Pcf8591_SendByte
 * 函数功能: 写入一个控制命令
 * 输入: addr(器件地址), channel(转换通道)
 * 输出: 无
 * * * * * * * * * * * * * * * * * * * * * * * * * * * * * * * * * * * */
bit PCF8591_SendByte(unsigned char addr, unsigned char channel)
```

```
{
    Start_I2c( );                    //启动总线
    I2C_SendByte(addr);              //发送器件地址
    if(ack==0)return(0);
    I2C_SendByte(0x40|channel);      //发送控制字节
    if(ack==0)return(0);
    Stop_I2c( );                     //结束总线
    return(1);
}
```

/ *

* 函数名: PCF8591_RcvByte

* 函数功能: 读取一个转换值

* 输入: addr

* 输出: dat

* */

```
unsigned char PCF8591_RcvByte(unsigned char addr)
{
    unsigned char dat;
    Start_I2c( );                    //启动总线
    I2C_SendByte(addr+1);            //发送器件地址
    if(ack==0)return(0);
    dat=I2C_RcvByte( );              //读取数据0
    Ack_I2c(1);                      //发送非应答信号
    Stop_I2c( );                     //结束总线
    return(dat);
}
```

/ *

*   串口初始化函数

* */

```
void init_com(void)
{
    EA=1;                            //开总中断
    ES=1;                            //允许串口中断
    ET1=1;                           //允许定时器 T1 的中断
```

```
    TMOD=0x20;                        //定时器T1, 在方式2中断产生波特率
    PCON=0x00;                        //SMOD=0
    SCON=0x50;                        //方式1, 由定时器控制
    TH1=0xfd;                         //波特率设置为9600
    TL1=0xfd;
    TR1=1;                            //开定时器T1运行控制位
}
```

```
/*************************************************
*                       延时函数
**************************************************/
void delay(unsigned char i)
{
    unsigned char j, k;
    for(j=i; j>0; j--)
        for(k=125; k>0; k--);
}
```

```
/*************************************************
*             把读取值转换成一个一个的字符, 给串口显示
**************************************************/
void To_ASCII(unsigned char num)
{
    SBUF=num/100+'0';
    delay(200);
    SBUF=num/10%10+'0';
    delay(200);
    SBUF=num%10+'0';
    delay(200);
}
```

```
/*************************************************
*                       主函数
**************************************************/
void main()
{
    init_com();
```

```
    while(1)
        {
/ * * * * * * * * *以下为 A/D—D/A 处理 * * * * * * * * * * * * * * */
        switch(AD_CHANNEL)
            {
                case 0: PCF8591_SendByte(AddWr, 1);
                    D[0]=PCF8591_RcvByte(AddWr);        //ADC0, 模数转换 1, 光敏
                                                        电阻
                    break;
                case 1: PCF8591_SendByte(AddWr, 2);
                    D[1]=PCF8591_RcvByte(AddWr);        //ADC1, 模数转换 2, 热敏
                                                        电阻
                    break;
                case 2: PCF8591_SendByte(AddWr, 3);
                    D[2]=PCF8591_RcvByte(AddWr);        //ADC2, 模数转换 3, 悬空
                    break;
                case 3: PCF8591_SendByte(AddWr, 0);
                    D[3]=PCF8591_RcvByte(AddWr);        //ADC3, 模数转换 4, 可调
                                                        0~5 V
                    break;
                case 4: PCF8591_DaConversion(AddWr, 0, D[4]);
                                                        //DAC, 数模转换
                    break;
            }
        D[4]=D[3];                                      //把模拟输入采样的信号,
                                                        通过数模转换输出
        if(++AD_CHANNEL>4) AD_CHANNEL=0;
/ * * * * * * *以下将 A/D 的值通过串口发送出去 * * * * * * * * * * * */
        delay(200);
        To_ASCII(D[0]);                                 //读取 ADC0 的数值并转
                                                        换成字符
        SBUF='';                                        //向 PC 发送空格字符
        delay(200);
        To_ASCII(D[1]);                                 // 读取 ADC1 的数值并转
```

换成字符

```
    SBUF='';
    delay(200);
    To_ASCII(D[2]);                              //读取 ADC2 的数值并转
                                                     换成字符
    SBUF='';
    delay(200);
    To_ASCII(D[3]);                              //读取 ADC3 的数值并转
                                                     换成字符
    SBUF='/n';                                   //向 PC 发送换行字符
    delay(200);
    if(RI)
    {
        date=SBUF;                               //单片机接收
        SBUF=date;                               //单片机发送
        RI=0;
    }
    }
}
```

五、PCF8591 的 D/A 转换应用

1.任务要求

利用 PCF8591 芯片的 A/D 转换功能,采集第 3 通道的模拟电压信号,并将转换后的数字信号利用 PCF8591 芯片的 D/A 转换功能转换为模拟信号,为 LED 供电。

2.硬件电路设计

整个系统包括 STC89C52 单片机最小系统、PCF8591 电路(见图 7-4)、4 路 A/D 转换通道(分别接入光敏电阻、热敏电阻、悬空、电位器)。

3.C 语言程序设计

PCF8591 芯片的 4 路 A/D 转换系统包括主函数、启动总线函数、结束总线函数、IIC字节数据发送函数、IIC 字节数据接收函数、应答函数、PCF8591 写数据函数、PCF8591读数据函数、D/A 转换函数。其 C 语言程序如下。

```
#include<reg52.h>                               //包含单片机寄存器的头
                                                     文件
```

```
#include <intrins.h>
#define   AddWr 0X90                          //PCF8591 地址
                                              //变量定义

unsigned char AD_CHANNEL;
unsigned long xdata   LedOut[8];
unsigned char   D[32];
sbit scl=P2^0;                                //I2C 时钟
sbit sda=P2^1;                                //I2C 数据
bit ack;                                      //应答标志位
unsigned char date;
```

```
*************************************************/
*                      启动总线函数
* 函数名：void   Start_I2c()
* 功能：启动 I2C 总线，即发送 I2C 起始条件
*************************************************/
void Start_I2c()
{
    sda=1;                    //发送起始条件的数据信号
    _nop_();
    scl=1;
    _nop_();                  //起始条件建立时间大于 4.7 μs，延时
    _nop_();
    _nop_();
    _nop_();
    _nop_();
    sda=0;                    //发送起始信号
    _nop_();                  // 起始条件锁定时间大于 4 μs
    _nop_();
    _nop_();
    _nop_();
    _nop_();
    scl=0;                    //钳住 I2C 总线，准备发送或接收数据
    _nop_();
    _nop_();
```

```
}
/******************************************
*                       结束总线函数
* 函数名：void   Stop_I2c( )
* 功能：结束 I2C 总线，即发送 I2C 结束条件
******************************************/
void Stop_I2c( )
{
    sda = 0;                        //发送结束条件的数据信号
    _nop_( );                       //发送结束条件的时钟信号
    scl = 1;                        //结束条件建立时间大于 4 μs
    _nop_( );
    _nop_( );
    _nop_( );
    _nop_( );
    _nop_( );
    sda = 1;                        //发送 I2C 总线结束信号
    _nop_( );
    _nop_( );
    _nop_( );
    _nop_( );
}
/******************************************
*                       字节数据发送函数
* 函数名：void I2C_SendByte( unsigned char c)
* 功能：将数据 c 发送出去，可以是地址，也可以是数据，发完后等待应答，并对此状态
*       位进行操作，不应答或非应答都使 ack = 0。发送数据正常，ack = 1；ack = 0 表示
*       被控器无应答或损坏
******************************************/
void   I2C_SendByte( unsigned char   c)
{
unsigned char   i;
for( i = 0; i < 8; i++)              //要传送的数据长度为 8 位
    {
```

```
    if((c<<i)&0x80)sda=1;                //判断发送位
        else   sda=0;
    _nop_();
    scl=1;                               //置时钟线为高,通知被控器开始接收数据位
    _nop_();
    _nop_();                             //保证时钟高电平周期大于4 μs
    _nop_();
    _nop_();
    _nop_();
    scl=0;
    }
    _nop_();
    _nop_();
    sda=1;                               //8 位发送完后释放数据线,准备接收应答位
    _nop_();
    _nop_();
    scl=1;
    _nop_();
    _nop_();
    _nop_();
    if(sda==1)ack=0;
        else ack=1;                      //判断是否接收到应答信号
    scl=0;
    _nop_();
    _nop_();
}
/************************************************
*                   字节数据接收函数
*函数名:unsigned char I2C_RcvByte()
*功能:用来接收从器件传来的数据,并判断总线错误(不发应答信号),发完后请用应
*     答函数应答从机
***********************************************/
unsigned char   I2C_RcvByte()
{
```

```
unsigned char    retc = 0, i;
sda = 1;                              //置数据线为输入方式
for( i = 0; i<8; i++)
    {
        _nop_();
        scl = 0;                      //置时钟线为低，准备接收数据位
        _nop_();
        _nop_();                      //时钟低电平周期大于 4.7 μs
        _nop_();
        _nop_();
        scl = 1;                      //置时钟线为高，使数据线上数据有效
        _nop_();
        _nop_();
        retc = retc<<1;
        if( sda == 1) retc = retc+1;  //读数据位，接收的数据位放入 retc 中
        _nop_();
        _nop_();
    }
scl = 0;
_nop_();
_nop_();
return( retc);
}
```

/* */

*   应答子函数

* 函数名：void Ack_I2c(bit a)

* 功能：主控器进行应答信号（可以是应答或非应答信号，由位参数 a 决定）

* */

```
void Ack_I2c( bit a)
{
    if( a == 0) sda = 0;              //在此发出应答或非应答信号
    else sda = 1;                     //0 为发出应答，1 为非应答信号
    _nop_();
```

```
    _nop_();
    _nop_();
    scl=1;
    _nop_();
    _nop_();                            //时钟低电平周期大于4 μs
    _nop_();
    _nop_();
    _nop_();
    scl=0;                              //清时钟线,钳住I2C总线以便继续接收
    _nop_();
    _nop_();
}
/*************************************************
 * 函数名:Pcf8591_DaConversion
 * 函数功能:PCF8591 的输出端输出模拟量
 * 输入:addr(器件地址),channel(转换通道),value(转换的数值)
 * 输出:无
 ************************************************/
bit Pcf8591_DaConversion(unsigned char addr, unsigned char channel, unsigned char Val)
{
    Start_I2c();                        //启动总线
    I2C_SendByte(addr);                 //发送器件地址
    if(ack==0)return(0);
    I2C_SendByte(0x40|channel);         //发送控制字节
    if(ack==0)return(0);
    I2C_SendByte(Val);                  //发送DAC的数值
    if(ack==0)return(0);
    Stop_I2c();                         //结束总线
    return(1);
}
/*************************************************
 * 函数名:Pcf8591_SendByte
 * 函数功能:写入一个控制命令
 * 输入:addr(器件地址),channel(转换通道)
```

```
*  输出:无
* * * * * * * * * * * * * * * * * * * * * * * * * * * * * * * * * * * * * */
bit PCF8591_SendByte( unsigned char addr, unsigned char channel)
{
    Start_I2c( );                      //启动总线
    I2C_SendByte( addr);               //发送器件地址
    if( ack = =0)return(0);
    I2C_SendByte(0x40|channel);        //发送控制字节
    if( ack = =0)return(0);
    Stop_I2c( );                       //结束总线
    return(1);
}

/* * * * * * * * * * * * * * * * * * * * * * * * * * * * * * * * * * * * * *
*  函数名:PCF8591_RcvByte
*  函数功能:读取一个转换值
*  输入:addr
*  输出:dat
* * * * * * * * * * * * * * * * * * * * * * * * * * * * * * * * * * * * * */
unsigned char PCF8591_RcvByte( unsigned char addr)
{
    unsigned char dat;
    Start_I2c( );                      //启动总线
    I2C_SendByte( addr+1);             //发送器件地址
    if( ack = =0)return(0);
    dat=I2C_RcvByte( );                //读取数据0
    Ack_I2c(1);                        //发送非应答信号
    Stop_I2c( );                       //结束总线
    return( dat);
}
/* * * * * * * * * * * * * * * * * * * * * * * * * * * * * * * * * * * * * *
*                        主函数
* * * * * * * * * * * * * * * * * * * * * * * * * * * * * * * * * * * * * */
void main( )
{
```

```
while(1)
{
    PCF8591_SendByte(AddWr, 3);
    D[3] = PCF8591_RcvByte(AddWr);           //ADC3,模数转换4,可调0~5 V
    Pcf8591_DaConversion(AddWr, 0, D[3]);    //数模转换,把模拟输入采样的
                                                 信号,通过数模转换输出
}
}
```

任务二　数字电压表设计

【知识目标】

❖ 掌握 PCF8591 芯片的 A/D 转换功能在实际项目中的应用方法;
❖ 掌握 PCF8591 芯片的 D/A 转换功能在实际项目中的应用方法。

【能力目标】

❖ 设计 PCF8591 数字电压表的硬件电路图;
❖ 编写利用 LCD1602 显示、使用 PCF8591 芯片采集电压的 C 语言程序。

【任务描述】

利用 PCF8591 芯片设计简易数字电压表,将采集到的电压信号用 LCD1602 显示 4 个通道的电压值。

一、数字电压表的硬件电路设计

数字电压表的硬件电路包括 STC89C52 单片机最小系统硬件电路、LCD1602 显示电路(见图 7-5)、PCF8591 芯片 A/D—D/A 转换电路(见图 7-4)。

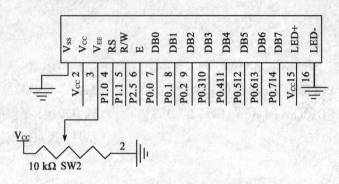

图7-5　数字电压表 LCD1602 显示电路图

二、C 语言程序设计

数字电压表控制系统的 C 语言程序包含主函数、IIC 总线驱动程序、PCF8591 驱动程序、LCD1602 显示程序、PCF8591 的 A/D—D/A 转换函数等。其整体 C 语言程序如下。

```
#include<reg52.h>                          //包含单片机寄存器的头文件
#include <intrins.h>
#define    AddWr 0X90                      //PCF8591 地址
                                           //变量定义

unsigned char AD_CHANNEL;
sbit scl=P2^0;                             //I2C 时钟
sbit sda=P2^1;                             //I2C 数据
bit ack; /*应答标志位*/
sbit RS=P1^0;                              //LCD1602 引脚 4
sbit RW=P1^1;                              //LCD1602 引脚 5
sbit E= P2^5;                              //LCD1602 引脚 6


#define Data   P0                          //数据端口
unsigned char TempData[8];                 //显示电压数组
unsigned char SecondLine[]="";             //LCD1602 第 2 行字符串
unsigned char FirstLine[] ="";             //LCD1602 第 1 行字符串
/*******************************************
*                 启动总线函数
*函数名:void   Start_I2c()
*功能:启动 I2C 总线,即发送 I2C 起始条件
*******************************************/
```

```
void Start_I2c( )
{
  sda = 1;                      //发送起始条件的数据信号
  _nop_( );
  scl = 1;
  _nop_( );                     //起始条件建立时间大于 4.7 μs, 延时
  _nop_( );
  _nop_( );
  _nop_( );
  _nop_( );
  sda = 0;                      //发送起始信号
  _nop_( );                     //起始条件锁定时间大于 4 μs
  _nop_( );
  _nop_( );
  _nop_( );
  _nop_( );
  scl = 0;                      //钳住 I2C 总线, 准备发送或接收数据
  _nop_( );
  _nop_( );
}
/* * * * * * * * * * * * * * * * * * * * * * * * * * * * * * * * * * * * * *
*                         结束总线函数
* 函数名: void   Stop_I2c( )
* 功能: 结束 I2C 总线, 即发送 I2C 结束条件
* * * * * * * * * * * * * * * * * * * * * * * * * * * * * * * * * * * * * * */
void Stop_I2c( )
{
  sda = 0;                      //发送结束条件的数据信号
  _nop_( );                     //发送结束条件的时钟信号
  scl = 1;                      //结束条件建立时间大于 4 μs
  _nop_( );
  _nop_( );
  _nop_( );
  _nop_( );
```

```
_nop_();
sda=1;                         //发送 I2C 总线结束信号
_nop_();
_nop_();
_nop_();
_nop_();
}
```

```
/**********************************************
*                   字节数据发送函数
* 函数名：void    I2C_SendByte(UCHAR c);
* 功能：将数据 c 发送出去，可以是地址，也可以是数据，发完后等待应答，并对此状态
*       位进行操作，不应答或非应答都使 ack=0。发送数据正常，ack=1；ack=0 表示
*       被控器无应答或损坏
**********************************************/
void    I2C_SendByte( unsigned char   c)
{
    unsigned char   i;
    for(i=0; i<8; i++)             //要传送的数据长度为 8 位
    {
    if((c<<i)&0x80)sda=1;          //判断发送位
        else    sda=0;
    _nop_();
    scl=1;                         //置时钟线为高，通知被控器开始接收数据位
    _nop_();
    _nop_();                       //保证时钟高电平周期大于 4 μs
    _nop_();
    _nop_();
    _nop_();
    scl=0;
    }
    _nop_();
    _nop_();
    sda=1;                         //8 位发送完后释放数据线，准备接收应答位
    _nop_();
```

```
    _nop_();
    scl=1;
    _nop_();
    _nop_();
    _nop_();
    if(sda==1)ack=0;
        else ack=1;    /*判断是否接收到应答信号*/
    scl=0;
    _nop_();
    _nop_();
}
/*****************************************
*                    字节数据接收函数
* 函数名: UCHAR    I2C_RcvByte()
* 功能: 用来接收从器件传来的数据, 并判断总线错误(不发应答信号), 发完后请用应
*       答函数应答从机
*****************************************/
unsigned char    I2C_RcvByte()
{
    unsigned char    retc=0, i;
    sda=1;                        //置数据线为输入方式
    for(i=0; i<8; i++)
      {
          _nop_();
          scl=0;                  //置时钟线为低, 准备接收数据位
          _nop_();
          _nop_();                //时钟低电平周期大于4.7 μs
          _nop_();
          _nop_();
          _nop_();
          scl=1;                  //置时钟线为高使数据线上数据有效
          _nop_();
          _nop_();
          retc=retc<<1;
```

```
            if(sda==1)retc=retc+1;        //读数据位,接收的数据位放入 retc 中
            _nop_();
            _nop_();
        }
    scl=0;
    _nop_();
    _nop_();
    return(retc);
}
```

```
/****************************************
*                              应答子函数
* 函数名: void Ack_I2c(bit a)
* 功能:主控器进行应答信号(可以是应答或非应答信号,由位参数 a 决定)
*****************************************/
void Ack_I2c(bit a)
{
    if(a==0)sda=0;                    //在此发出应答或非应答信号
    else sda=1;                       //0 为发出应答,1 为非应答信号
    _nop_();
    _nop_();
    _nop_();
    scl=1;
    _nop_();
    _nop_();                          //时钟低电平周期大于 4 μs
    _nop_();
    _nop_();
    _nop_();
    scl=0;                            //清时钟线,钳住 I2C 总线以便继续接收
    _nop_();
    _nop_();
}
```

```
/****************************************
* 函数名: Pcf8591_DaConversion
* 函数功能: PCF8591 的输出端输出模拟量
```

* 输入：addr(器件地址)，channel(转换通道)，value(转换的数值)

* 输出：无

* */

```
bit Pcf8591_DaConversion(unsigned char addr,unsigned char channel,unsigned char Val)
{
    Start_I2c();                    //启动总线
    I2C_SendByte(addr);            //发送器件地址
    if(ack==0)return(0);
    I2C_SendByte(0x40|channel);    //发送控制字节
    if(ack==0)return(0);
    I2C_SendByte(Val);            //发送 DAC 的数值
    if(ack==0)return(0);
    Stop_I2c();                    //结束总线
    return(1);
}
```

/* *

* 函数名：Pcf8591_SendByte

* 函数功能：写入一个控制命令

* 输入：addr(器件地址)，channel(转换通道)

* 输出：无

* */

```
bit PCF8591_SendByte(unsigned char addr, unsigned char channel)
{
    Start_I2c();                    //启动总线
    I2C_SendByte(addr);            //发送器件地址
    if(ack==0)return(0);
    I2C_SendByte(0x40|channel);    //发送控制字节
    if(ack==0)return(0);
    Stop_I2c();                    //结束总线
    return(1);
}
```

/* *

* 函数名：PCF8591_RcvByte

* 函数功能：读取一个 A/D 转换值

```
*  输入：addr
*  输出：dat
* * * * * * * * * * * * * * * * * * * * * * * * * * * * * * * * * * * * * * */
unsigned char PCF8591_RcvByte( unsigned char addr)
{
    unsigned char dat;
    Start_I2c( );                         //启动总线
    I2C_SendByte( addr+1);                //发送器件地址
    if( ack = = 0)return( 0);
    dat = I2C_RcvByte( );                 //读取数据0
    Ack_I2c( 1);                          //发送非应答信号
    Stop_I2c( );                          //结束总线
    return( dat);
}
/ * * * * * * * * * * * * * * * * * * * * * * * * * * * * * * * * * * * * * * * */
*                           1602 液晶屏相关函数
/ * * * * * * * * * * * * * * * * * * * * * * * * * * * * * * * * * * * * * * * */
void DelayUs( unsigned char us)          //delay ms
{
unsigned char uscnt;
uscnt = us>>1;                           //晶振为 12 MHz
while( --uscnt);
}
/ * * * * * * * * * * * * * * * * * * * * * * * * * * * * * * * * * * * * * * * */
void DelayMs( unsigned char ms)          //delay ms
{
while( --ms)
    {
        DelayUs( 250);
        DelayUs( 250);
                    DelayUs( 250);
                    DelayUs( 250);
    }
}
```

```
/*1602 液晶写指令*/
void WriteCommand(unsigned char c)
{
DelayMs(5);                        //操作之前简短延时
E=0;
RS=0;
RW=0;
_nop_();
E=1;
Data=c;
E=0;
}
/*1602 液晶写数据*/
void WriteData(unsigned char c)
{
DelayMs(5);                        //操作之前简短延时
E=0;
RS=1;
RW=0;
_nop_();
E=1;
Data=c;
E=0;
RS=0;
}
/*1602 液晶显示字符*/
void ShowChar(unsigned char pos, unsigned char c)
{
unsigned char p;
if (pos>=0x10)
    p=pos+0xb0;                    //是第 2 行则命令代码高 4 位为 0Xc
else
    p=pos+0x80;                    //是第 2 行则命令代码高 4 位为 0X8
WriteCommand (p);                  //写命令
```

```
WriteData (c);                          //写数据
}
/ * 1602 液晶显示字符串 * /
void ShowString (unsigned char line, char  * ptr)
{
unsigned char l, i;
l=line<<4;
for (i=0; i<16; i++)
   ShowChar (l++,  * (ptr+i));           //循环显示 16 个字符
}
/ * * * * * * * * * * * * * * * * * * * * * * * * * * * * * * * * * * * * * * * * * /
void InitLcd( )
{
DelayMs(15);
WriteCommand(0x38);                     //显示模式
WriteCommand(0x38);                     //显示模式
WriteCommand(0x38);                     //显示模式
WriteCommand(0x06);                     //显示光标移动位置
WriteCommand(0x0c);                     //显示开光标设置
WriteCommand(0x01);                     //显示清屏
}
/ * 显示电压 * /
void disp(void)
{

FirstLine[2] = '0'+TempData[0];         //第 1 行显示通道 0 电压
FirstLine[4] = '0'+TempData[1];
FirstLine[3] = '.';
FirstLine[6] = 'V';
FirstLine[9] = '0'+TempData[2];         //第 1 行显示通道 1 电压
FirstLine[11] = '0'+TempData[3];
FirstLine[10] = '.';
FirstLine[13] = 'V';
SecondLine[2] = '0'+TempData[4];        //第 2 行显示通道 2 电压
```

```
SecondLine[4]='0'+TempData[5];
SecondLine[3]='.';
SecondLine[6]='V';
SecondLine[9]='0'+TempData[6];        //第2行显示通道3电压
SecondLine[11]='0'+TempData[7];
SecondLine[10]='.';
SecondLine[13]='V';
ShowString(0,FirstLine);              //显示第1行字符串
ShowString(1,SecondLine);            //显示第2行字符串
/* * * * * * * * * * * * * * * * * * * * * * * * * * * * * * * * * * * * * *
*                        延时程序
* * * * * * * * * * * * * * * * * * * * * * * * * * * * * * * * * * * * * */
void mDelay(unsigned char j)
{
    unsigned int i;
    for( ; j>0; j--)
      {
            for(i=0; i<125; i++)
              {;}
          }
}
/* * * * * * * * * * * * * * * * * * * * * * * * * * * * * * * * * * * * * *
*                        主函数
* * * * * * * * * * * * * * * * * * * * * * * * * * * * * * * * * * * * * */
void main( )
{
        unsigned char ADtemp;                        //定义中间变量
        InitLcd( );
        mDelay(20);
        while(1)
        {
/* * * * * * * * * * * * *以下为A/D—D/A处理* * * * * * * * * * * * * * * * * */
        switch(AD_CHANNEL)
        {
```

```
        case 0: PCF8591_SendByte( AddWr, 1);
            ADtemp = PCF8591_RcvByte( AddWr);      //ADC0, 模数转换通道
                                                       1, 光敏电阻
            TempData[0] = ADtemp/50;               //处理 0 通道电压显示
            TempData[1] = ( ADtemp%50)/10;
            break;
        case 1: PCF8591_SendByte( AddWr, 2);
            ADtemp = PCF8591_RcvByte( AddWr);      //ADC1, 模数转换通道
                                                       2, 热敏电阻
            TempData[2] = ADtemp/50;               //处理 1 通道电压显示
            TempData[3] = ( ADtemp%50)/10;
            break;
        case 2: PCF8591_SendByte( AddWr, 3);
            ADtemp = PCF8591_RcvByte( AddWr);      //ADC2, 模数转换通道
                                                       3, 悬空
            TempData[4] = ADtemp/50;               //处理 2 通道电压显示
            TempData[5] = ( ADtemp%50)/10;
            break;
        case 3: PCF8591_SendByte( AddWr, 0);
            ADtemp = PCF8591_RcvByte( AddWr);      //ADC3, 模数转换通道
                                                       4, 可调 0~5 V
            TempData[6] = ADtemp/50;               //处理 3 通道电压显示
            TempData[7] = ( ADtemp%50)/10;
            break;
        case 4: Pcf8591_DaConversion( AddWr, 0, ADtemp);
                                                   //DAC 数模转换
            break;
        }
        if( ++AD_CHANNEL>4) AD_CHANNEL = 0;
        disp();
    }
}
```

【任务评估】

（1）利用 PCF8591 芯片的 A/D 转换功能，以 1 Hz 的频率采集模拟信号，然后转换成数字量，再将其数字量在 LCD1602 上显示。

（2）在本项目的基础上，把 A/D 转换后的数字信号送给 P0 口控制 LED 灯，使得当调节电位器时，LED 灯亮度发生变化。

（3）用 PCF8591 芯片的模拟信号输出端输出一个可变电压，将该端子接到一盏 LED 灯上，当电压变化时，带动 LED 灯亮度变化，实现呼吸灯效果。

参考文献

［1］ 王东锋,王会良,董冠强.单片机 C 语言应用 100 例［M］.北京:电子工业出版社,2009.

［2］ 陈海宴.51 单片机原理及应用:基于 Keil C 与 Proteus［M］.北京:北京航空航天大学出版社,2010.

［3］ 刘瑞新.单片机原理及应用教程［M］.北京:机械工业出版社,2003.

［4］ 吴国经.单片机应用技术［M］.北京:中国电力出版社,2004.

［5］ 李全利,迟荣强.单片机原理及接口技术［M］.北京:高等教育出版社,2004.

［6］ 张毅刚.单片机原理及应用［M］.4 版.北京:高等教育出版社,2021.